上海松江山地草本集

王宏伟　吴军霞　编著

中国林業出版社

图书在版编目（CIP）数据

上海松江山地草木集 / 王宏伟，吴军霞编著 . -- 北京 : 中国林业出版社 , 2024.5
ISBN 978-7-5219-2666-8

Ⅰ . ①上… Ⅱ . ①王… Ⅲ . ①国家公园－森林公园－植物－介绍－上海 Ⅳ .
① Q948.525.1

中国国家版本馆 CIP 数据核字 (2024) 第 071492 号

策划编辑 李 敏
责任编辑 王美琪

出版发行 中国林业出版社 (100009 北京市西城区刘海胡同 7 号)
网 站 http://lycb.forestry.gov.cn/hycb.html
电 话 (010) 83143575 83143548
印 刷 河北京平诚乾印刷有限公司
版 次 2024 年 5 月第 1 版
印 次 2024 年 5 月第 1 次
开 本 787mm×1092mm 1/16
字 数 190 千字
印 张 8.5
定 价 88.00 元

作者简介

王宏伟，博士，上海应用技术大学美丽中国与生态文明研究院（上海高校智库）特聘研究员，长期致力于野生动植物资源及生物多样性恢复的研究。

前　言

上海市松江区地处上海市西南部，拥有上海近郊唯一的低山丘陵。区内有小昆山、横山、机山、天马山、钟贾山、辰山、西佘山、东佘山、小佘山、薛山、厍公山、凤凰山和北竿山等大小山体13座，由东北向西南绵延长达13km，总面积约2.268km^2，最小的山体面积仅0.023km^2，海拔最高100.82m。众山山坡平缓，坡度在20°～30°之间，大多为脊状山形，山下地形平坦，河网密布，地面标高多为2.8～3.2m。松江区的“山地”是上海植物种类最丰富的地区之一，也是上海残存自然植被分布地区之一，是植物学以及树木学较佳教学实习之所。

近年来，编著者对松江区内山地植被进行了多次植物学和树木学考察，拍摄了86科237种植物图片250余张，在此基础上编写了本书。其中，植物特征、中文名及学名根据《Flora of China》《中国植物志》《上海维管植物名录》《佘山常见种子植物图谱》以及最新的资料进行修订，确保其科学性和准确性。本书包括部分山体上自然生长以及栽植植物，不乏甚为少见的东亚魔芋等植物。限于篇幅和拍摄期物候等原因，书内图片部分为花，部分为果，部分是植株或者其他部位，仅供参考。

本书的编著，感谢上海应用技术大学教务处的大力支持和帮助；感谢上海应用技术大学白露老师、周玉梅老师以及李赛强、李晶忆、陈毛雨、袁逸云等同学的参与和帮助。本书作为学生实习和相关工作者参考之用，由于编著者水平所限，虽经努力，书中疏漏在所难免，敬请不吝指正。

编著者

2023年11月于上海应用技术大学

目 录

前 言
- 海金沙科 /1
  海金沙 /1
- 凤尾蕨科 /1
  井栏边草 /1
- 铁角蕨科 /2
  虎尾铁角蕨 /2
- 鳞毛蕨科 /2
  贯众 /2
  阔鳞鳞毛蕨 /3
- 水龙骨科 /3
  瓦韦 /3
- 银杏科 /4
  银杏 /4
- 柏科 /4
  柏木 /4
  圆柏 /5
  刺柏 /5
  水杉 /6
- 杉科 /6
  柳杉 /6
  杉木 /7
- 红豆杉科 /7
  香榧 /7
- 罗汉松科 /8
  竹柏 /8
- 金粟兰科 /8
  丝穗金粟兰 /8
- 杨柳科 /9
  旱柳 /9
  柞木 /9
- 杨梅科 /10
  杨梅 /10
- 胡桃科 /10
  化香树 /10
  枫杨 /11
- 壳斗科 /11
  栗 /11
  苦槠 /12
  麻栎 /12
  白栎 /13
- 榆科 /13
  榔榆 /13
  榆树 /14
  大叶榉树 /14
- 桑科 /15
  构 /15
  水蛇麻 /15
  薜荔 /16
  柘 /16
  桑 /17
- 大麻科 /17
  糙叶树 /17
  珊瑚朴 /18
  朴树 /18
  葎草 /19
- 荨麻科 /19
  苎麻 /19
  小叶冷水花 /20
- 蓼科 /20
  荞麦 /20
  短毛金线草 /21
  绵毛酸模叶蓼 /21
  丛枝蓼 /22
  扛板归 /22
  何首乌 /23
  虎杖 /23
  齿果酸模 /24
- 苋科 /24
  藜 /24
  牛膝 /25
  喜旱莲子草 /25
- 紫茉莉科 /26
  紫茉莉 /26
- 商陆科 /26
  垂序商陆 /26
- 石竹科 /27
  球序卷耳 /27
  漆姑草 /27
  鹅肠菜 /28

目录

- 毛茛科 /28
女萎 /28
威灵仙 /29
还亮草 /29
刺果毛茛 /30
猫爪草 /30
天葵 /31
唐松草 /31
- 木通科 /32
木通 /32
- 防己科 /32
木防己 /32
- 樟科 /33
樟 /33
天竺桂 /33
山胡椒 /34
舟山新木姜子 /34
- 十字花科 /35
荠 /35
碎米荠 /35
臭荠 /36
诸葛菜 /36
- 罂粟科 /37
紫堇 /37
刻叶紫堇 /37
- 金缕梅科 /38
蚊母树 /38
- 蕈树科 /38
枫香树 /38
- 景天科 /39
珠芽景天 /39
凹叶景天 /39
爪瓣景天 /40
垂盆草 /40
- 蔷薇科 /41
蛇莓 /41
重瓣棣棠花 /41
石楠 /42
小果蔷薇 /42
野蔷薇 /43
掌叶覆盆子 /43
山莓 /44
蓬蘽 /44
高粱泡 /45
茅莓 /45
- 豆科 /46
合欢 /46
网络夏藤 /46
黄檀 /47
野大豆 /47
长柄山蚂蟥 /48
鸡眼草 /48
美丽胡枝子 /49
中华胡枝子 /49
铁马鞭 /50
葛 /50
白车轴草 /51
救荒野豌豆 /51
四籽野豌豆 /52
紫藤 /52
- 酢浆草科 /53
酢浆草 /53
红花酢浆草 /53
- 牻牛儿苗科 /54
野老鹳草 /54
- 芸香科 /54
野花椒 /54
- 苦木科 /55
臭椿 /55
- 楝科 /55
楝 /55
- 叶下珠科 /56
重阳木 /56
算盘子 /56
青灰叶下珠 /57
- 大戟科 /57
铁苋菜 /57
泽漆 /58
斑地锦草 /58
杠香藤 /59
乌桕 /59
油桐 /60
- 漆树科 /60
黄连木 /60
盐麸木 /61
- 冬青科 /61
冬青 /61
枸骨 /62
- 卫矛科 /62
南蛇藤 /62
卫矛 /63
扶芳藤 /63
白杜 /64
- 无患子科 /64
三角槭 /64
无患子 /65
- 鼠李科 /65
枳椇 /65
猫乳 /66

雀梅藤 /66
- 蓝果树科 /67
喜树 /67
珙桐 /67
- 桃金娘科 /68
赤楠 /68
- 葡萄科 /68
异叶蛇葡萄 /68
乌蔹莓 /69
地锦 /69
- 锦葵科 /70
小花扁担杆 /70
- 山茶科 /70
茶 /70
木荷 /71
- 堇菜科 /71
紫花堇菜 /71
紫花地丁 /72
- 胡颓子科 /72
佘山羊奶子 72
胡颓子 /73
牛奶子 /73
- 山茱萸科 /74
八角枫 /74
山茱萸 /74
- 五加科 /75
细柱五加 /75
常春藤 /75
- 伞形科 /76
峨参 /76
明党参 /76
窃衣 /77
- 报春花科 /77
紫金牛 /77
- 柿树科 /78
野柿 /78
- 山矾科 /78
日本白檀 /78
- 木樨科 /79
女贞 /79
小蜡 /79
木樨 /80
长筒白丁香 /80
- 夹竹桃科 /81
萝藦 /81
络石 /81
- 旋花科 /82
打碗花 /82
- 紫草科 /82
柔弱斑种草 /82
厚壳树 /83
梓木草 /83
附地菜 /84
- 唇形科 /84
金疮小草 /84
大青 /85
海州常山 /85
邻近风轮菜 /86
活血丹 /86
宝盖草 /87
野芝麻 /87
韩信草 /88
牡荆 /88
- 茄科 /89
枸杞 /89
苦蘵 /89
白英 /90
龙葵 /90
- 通泉草科 /91
通泉草 /91
- 爵床科 /91
爵床 /91
九头狮子草 /92
- 车前科 /92
车前 /92
直立婆婆纳 /93
阿拉伯婆婆纳 /93
- 茜草科 /94
拉拉藤 /94
鸡屎藤 /94
东南茜草 /95
白马骨 /95
- 葫芦科 /96
南赤瓟 /96
马瓟儿 /96
- 桔梗科 /97
半边莲 /97
- 菊科 /97
三脉紫菀 /97
马兰 /98
金盏银盘 /98

天名精 /99
刺儿菜 /99
小蓬草 /100
野菊 /100
鳢肠 /101
一年蓬 /101
泥胡菜 /102
翅果菊 /102
鼠曲草 /103
加拿大一枝黄花 /103
钻叶紫菀 /104
蒲公英 /104
苍耳 /105
黄鹌菜 /105
• 禾本科 /106
• 竹亚科 /106
黄金间碧竹 /106
毛竹 /106
箬竹 /107
鹅毛竹 /107
• 禾亚科 /108
野燕麦 /108
野青茅 /108
马唐 /109
稗 /109
棒头草 /110
荩草 /110
• 莎草科 /111
砖子苗 /111
香附子 /111
• 天南星科 /112
东亚魔芋 /112
天南星 /112
半夏 /113
• 马兜铃科 /113
细辛 /113
• 鸭跖草科 /114
鸭跖草 /114
• 三白草科 /114
蕺菜 /114
• 百部科 /115
百部 /115
• 薯蓣科 /115
薯蓣 /115
• 天门冬科 /116
天门冬 /116
山麦冬 /116
麦冬 /117
• 菝葜科 /117
菝葜 /117
小果菝葜 /118
• 石蒜科 /118
换锦花 /118
薤白 /119

中文名索引 /120
学名索引 /123

海金沙科 Lygodiaceae

海金沙 *Lygodium japonicum* (Thunb.) Sw.

植株攀缘达 1 ~ 4m。叶轴上面有二条狭边，羽片多数，对生于叶轴上的短距两侧，平展；距长达 3mm；不育羽片尖三角形，长宽几相等，同羽轴一样多少被短灰毛，两侧并有狭边，二回羽状；一回羽片 2 ~ 4 对，互生，柄长 4 ~ 8mm，羽片和小羽轴都有狭翅及短毛，基部一对羽片卵圆形。各山均有分布。图片摄于机山。

凤尾蕨科 Pteridaceae

井栏边草 *Pteris multifida* Poir.

植株高 30 ~ 45cm。叶多数，密而簇生，明显二型；不育叶柄长 15 ~ 25cm，粗 1.5 ~ 2mm，禾秆色或暗褐色而有禾秆色的边，稍有光泽，光滑；能育叶有较长的柄，羽片 4 ~ 6 对，狭线形，长 10 ~ 15cm，宽 4 ~ 7mm，仅不育部分具锯齿，余均全缘。图片摄于西佘山。

铁角蕨科 Aspleniaceae

虎尾铁角蕨 *Asplenium incisum* Thunb.

植株高 10 ~ 30cm。根状茎短而直立或横卧，先端密被鳞片；叶片阔披针形，长 10 ~ 27cm，中部宽 2 ~ 4 (5.5) cm，两端渐狭，先端渐尖，二回羽状，小羽片 4 ~ 6 对，互生；叶脉两面均可见，小羽片上的主脉不显著。孢子囊群椭圆形。图片摄于东佘山。

鳞毛蕨科 Dryopteridaceae

贯众 *Cyrtomium fortunei* J. Sm.

植株高 25 ~ 50cm。根茎直立，密被棕色鳞片。叶簇生，叶柄长 12 ~ 26cm，基部直径 2 ~ 3mm，禾秆色，腹面有浅纵沟，密生卵形及披针形鳞片，棕色，有时中间为深棕色，鳞片边缘有齿，有时向上部秃净；叶片矩圆披针形，纸质，两面光滑；叶轴腹面有浅纵沟，疏生披针形及线形棕色鳞片。孢子囊群遍布羽片背面；囊群盖圆形，盾状，全缘。图片摄于西佘山。

阔鳞鳞毛蕨 *Dryopteris championii* (Benth.) C. Chr.

植株高 50 ~ 80cm。根状茎横卧或斜升，顶端及叶柄基部密被披针形、棕色、全缘的鳞片。叶簇生；叶柄长 30 ~ 40cm，粗达 4 ~ 5mm，禾秆色，密被鳞片；鳞片阔披针形，顶端渐尖，边缘有尖齿。图片摄于东佘山。

水龙骨科 Polypodiaceae

瓦韦 *Lepisorus thunbergianus* (Kaulf.) Ching

植株高 8 ~ 20cm。鳞片褐棕色，大部分不透明，具锯齿。叶柄长 1 ~ 3cm，禾秆色；叶片线状披针形或狭披针形，纸质；主脉上下均隆起，小脉不见。孢子囊群圆形或椭圆形，彼此相距较近，成熟后扩展几密接，幼时被圆形褐棕色的隔丝覆盖。图片摄于西佘山。

银杏科 Ginkgoaceae

银杏 *Ginkgo biloba* Linn.

落叶乔木。树皮淡灰色，老时纵直深裂。雌雄异株。叶片扇形或倒三角形；叶脉二叉状分出。种子核果状，椭圆形至球形，成熟时橙黄色，外被白粉。授粉期 3 月下旬，种熟期 9 ~ 10 月。天马山和小昆山有百年植株。图片为天马山古银杏树。

柏科 Cupressaceae

柏木 *Cupressus funebris* Endl.

常绿乔木。树皮淡灰褐色，裂成狭长条状脱落。小枝细长下垂，有叶的小枝扁平，排成一个平面。球果褐色，圆球形，直径约 1cm，无白粉。授粉期 3 ~ 4 月，种熟期翌年 8 ~ 9 月。各山均有栽培。图片摄于横山。

圆柏

Juniperus chinensis Roxb.

别名：桧柏。常绿乔木。树皮深灰色或暗红褐色，成狭条纵裂脱落。叶深绿色；二型，刺状叶通常 3 叶轮生，排列疏松；鳞形叶交互对生或 3 叶轮生，排列紧密。球果近球形，2 年成熟。授粉期 4 月，种熟期翌年 11 月。各山均有栽培。

刺柏

Juniperus formosana Hayata

常绿乔木。树皮褐色，纵裂成长条薄片脱落。3 叶轮生；叶披针形，长 12 ~ 20mm；表面中脉绿色，两侧各有一条白色气孔带。球果近圆球形，肉质，淡红色或淡红褐色。授粉期 3 月，种熟期翌年 11 月。凤凰山、北竿山有栽培。

水杉

Metasequoia glyptostroboides Hu & W.C.Cheng

落叶乔木。树干基部膨大；树皮灰色或灰褐色，浅裂成狭长条脱落。叶线形，扁平，淡绿色，长 1 ~ 2cm，交互对生，基部扭转，排成 2 列，冬季与侧生无芽的小枝一起脱落。球果球形，深褐色。授粉期 2 月下旬，种熟期 11 月。各山均有栽培。图片摄于机山。

杉科 Taxodiaceae

柳杉 *Cryptomeria japonica* var. *sinensis* Miq.

常绿乔木。树皮赤褐色，裂成长条片脱落。叶锥形，两侧扁，长 1 ~ 1.5cm，先端微向内曲，略呈 5 行排列。球花单性同株。球果直径约 2cm，深褐色。授粉期 4 月，种熟期 10 ~ 11 月。西佘山、天马山有栽培。

杉木 *Cunninghamia lanceolata* (Lamb.)Hook.

常绿乔木。树皮灰褐色。叶披针形，扁平，有细锯齿，长 3 ~ 6cm。球果下垂，近球形或卵形，长 2.5 ~ 5cm。授粉期 3 ~ 4 月，种熟期 10 月下旬。各山均有栽培。

红豆杉科 Taxaceae

香榧 *Torreya grandis* ‘Merrillii’ Hu

别名：榧。常绿乔木。树皮淡灰黄色，纵裂，小枝黄绿色或黄褐色。叶线形，表面深绿色，光亮，背面淡绿色，气孔带长与中脉带等宽。雌雄异株，雄球花单生于叶腋，雌球花成对生于叶腋。种子卵圆形，成熟时假种皮淡紫红色。授粉期 4 月，种熟期翌年 10 月。图片摄于西佘山。

罗汉松科 Podocarpaceae

竹柏 *Nageia nagi* (Thunb.) Kuntze

乔木，高达 20m。叶革质，长卵形、卵披针形或披针状椭圆形。雄球花穗状圆柱形，单生叶腋，常呈分枝状，长 1.8 ~ 2.5cm，总梗粗短，基部有少数三角状苞片；雌球花单生叶腋，稀成对腋生，基部有数枚苞片，花后苞片不肥大成肉质种托。种子圆球形，径 1.2 ~ 1.5cm，成熟时假种皮暗紫色，有白粉，柄长 7 ~ 13mm。花期 3 ~ 4 月，果期 10 月。图片摄于天马山。

金粟兰科 Chloranthaceae

丝穗金粟兰 *Chloranthus fortunei* (A. Gray) Solms

多年生草本，高 10 ~ 40cm。叶对生，通常 4 枚，卵状椭圆形，边缘有细圆锯齿，齿尖有一腺体。穗状花序单生，花密集；雄蕊 3，顶端延伸成白色丝状，长 1 ~ 2cm。核果倒卵形。花期 3 ~ 4 月，果期 5 ~ 6 月。西佘山、天马山有分布。图片摄于西佘山。

杨柳科 Salicaceae

旱柳 *Salix matsudana* Koidz.

落叶乔木。小枝黄绿色，微有毛。叶互生，披针形，边缘有具腺体的锯齿，背面苍白色，幼时有毛。花序与叶同时开放，花序轴有白色绒毛。蒴果 2 瓣开裂。花期 3 ~ 4 月，果期 4 ~ 5 月。钟贾山、辰山有分布。

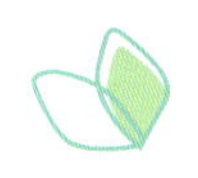

柞木 *Xylosma congesta* (Lour.) Merr.

常绿大灌木或小乔木。树皮裂片向上反卷，幼时有枝刺。叶互生，薄革质，卵状椭圆形，边缘有锯齿，无毛。花小，雌雄异株，总状花序腋生。浆果黑色，球形，顶端有宿存花柱。花期 5 月，果期 9 月。各山均有分布。图片摄于东佘山。

杨梅科 Myricaceae

杨梅 *Morella rubra* Lour.

常绿小乔木。叶革质，倒卵状长圆形，全缘，下面有金黄色腺体。雌雄异株，雄花序穗状，单生或数条丛生于叶腋；雌花序单生叶腋。核果球形，直径10～15mm，有乳头状突起，成熟时深红色、紫红色或白色。花期4月，果期6～7月。西佘山有分布。

胡桃科 Juglandaceae

化香树 *Platycarya strobilacea* Sieb. & Zucc.

落叶小乔木。幼枝有绒毛。奇数羽状复叶，小叶7～15枚，边缘重锯齿，背面幼时有密毛。花单性，雌雄同穗状花序；雄花序在上，雌花序在下。果序球果状，长椭圆形，褐色。花期5～6月，果期7～10月。西佘山和天马山有分布。

枫杨 *Pterocarya stenoptera* C. DC.

别名：元宝树。落叶乔木。双数羽状复叶，叶轴有翅；小叶 10 ~ 16 枚，长椭圆形，脉上有星状毛。花单性同株，均为柔荑花序；雄花单生于叶腋内，雌花顶生。果实长椭圆形，有 2 果翅，长圆形至长圆状披针形，长约 15mm。花期 5 月，果期 7 ~ 9 月。常见于各山的山脚处。图片摄于天马山。

壳斗科 Fagaceae

栗 *Castanea mollissima* Blume

落叶乔木。小枝有柔毛。叶互生，通常卵状椭圆形，背面有灰白色星状毛或长单毛。花单性同株，雄花序直立，雌花 2 ~ 3 朵聚生于多刺的总苞内。坚果大，壳斗球形，苞片针刺状，分枝，刺密生细毛。花期 5 月，果期 9 ~ 10 月。西佘山、天马山和辰山有栽培。图片摄于天马山。

苦槠 *Castanopsis sclerophylla* (Lindl. & Paxt.) Schottky

常绿乔木。幼枝无毛。叶互生，椭圆状卵形或椭圆形，边缘中部以上有锐锯齿。壳斗杯状，幼时全包坚果，成熟时包围坚果的 3/5；坚果褐色，有细毛。花期 5 月，果期 10 月。西佘山、薛山有分布。图片摄于薛山。

麻栎 *Quercus acutissima* Carruth.

落叶乔木。幼枝密生绒毛。叶互生，椭圆状披针形，边缘有锯齿，齿端呈刺芒状。壳斗杯形，苞片粗长刺状，有灰白绒毛，包围坚果的 1/2；坚果卵球形或长卵形。花期 4 月，果期翌年 10 月。西佘山和天马山有分布。图片摄于天马山。

白栎 *Quercus fabri* Hance

落叶乔木。小枝密生灰褐色绒毛。叶互生，倒卵形或椭圆状倒卵形，边缘有波状钝齿6～10个，背面有灰黄色绒毛。壳斗杯形，包围坚果的1/3；坚果圆柱状卵形。花期4月，果期10月。东佘山、西佘山、天马山、横山和辰山有分布，西佘山有百年大树。图片摄于西佘山。

榆科 Ulmaceae

榔榆 *Ulmus parvifolia* Jacq.

落叶乔木。树皮光滑，呈斑块脱落；小枝褐色，有软毛。叶小，革质，椭圆形、卵形或倒卵形。花秋季开放，簇生于当年生枝的叶腋。翅果椭圆形，长约1cm；种子位于果实中央。花期9月，果期10～11月。在上海各地常自生，各山均有分布。图片摄于东佘山。

榆树 *Ulmus pumila* Linn.

别名：白榆。落叶乔木。叶互生，椭圆形，两面无毛或背面脉腋有毛。早春发叶前开花，簇生聚伞花序。翅果近圆形，顶端凹缺；种子位于翅果的中部。花期 3 月，果期 4 月。横山有分布。

大叶榉树 *Zelkova schneideriana* Hand. - Mazz.

别名：榉树。落叶乔木。幼枝有白柔毛。叶互生，长椭圆状卵形，边缘有钝锯齿，羽状脉，表面粗糙，背面密生柔毛。雄花簇生于新枝下部叶腋，雌花单生于枝上部叶腋。核果上部歪斜，几无柄。花期 4 月，果期 9 ~ 10 月。东佘山、西佘山及天马山有分布。

桑科 Moraceae

构 *Broussonetia papyrifera* (L.) L' Her. ex Vent.

落叶乔木。小枝粗壮，密生白色绒毛。叶互生，阔卵形，边缘有粗齿，不分裂、浅裂或 3 ~ 5 深裂，两面有厚柔毛。花雌雄异株。聚花果球形。花期 5 月，果期 9 月。各山均有分布。图片摄于小昆山、小佘山。

水蛇麻 *Fatoua villosa* (Thunb.) Nakai

一年生草本。基部木质化，有微柔毛。叶互生，卵形，边缘有钝锯齿，三出脉，两面有疏毛。花单性同株，腋生的复聚伞花序。瘦果斜扁球形，红褐色，外面有疣状突起。花期夏季，果期 9 ~ 10 月。横山和薛山有分布。

薜荔 *Ficus pumila* L.

别名：鬼馒头。常绿攀缘藤本。小枝有棕色绒毛。叶异型，不育枝上叶小而薄；可育枝上叶大而厚，革质，叶脉明显，凸起呈蜂窝状。隐花果单生于叶腋，倒卵形，长约5cm，有短柄。花期6月，果期10月。各山有分布。

柘 *Maclura tricuspidata* Carrière

落叶灌木或小乔木。幼枝有细毛，有硬刺。叶互生，卵形或倒卵形，全缘或3裂。花雌雄异株，雌、雄花都排列成头状花序，单生或成对腋生。聚花果球形，红色。花期6月，果期9～10月。各山均有分布。图片摄于凤凰山。

桑 *Morus alba* L.

落叶乔木。幼枝有毛。叶互生，卵形，边缘有锯齿或多种分裂，基部3～5出脉。花单性异株，均为腋生的柔荑花序。聚花果（桑椹）白色、淡红色、紫红色或黑色。花期4～5月，果期6～7月。各山均有分布。图片摄于东佘山。

大麻科 Cannabaceae

糙叶树 *Aphananthe aspera* (Thunb.)Planch.

落叶乔木。叶互生，卵形，两面粗糙，均有糙伏毛，边缘有单锯齿，三出脉，侧脉直达叶缘。雄花成聚伞状伞房花序，雌花单生。核果近球形，紫黑色，有平伏硬毛；果柄较叶柄短，有毛。花期5月，果期10月。各山均有分布。

珊瑚朴 *Celtis julianae* C. K. Schneid.

落叶乔木。幼枝密生黄色绒毛。叶厚，较大，基部偏斜，表面粗糙，背面密生黄色绒毛，基部三出脉，叶缘中部以上有钝齿；叶柄密生黄色绒毛。核果单生叶腋，果柄长于叶柄 1 倍。花期 3 ~ 4 月，果期 9 ~ 10 月。小昆山、天马山有分布。

朴树 *Celtis sinensis* Pers.

落叶乔木。当年生小枝密生毛。叶互生，卵形，顶端急尖至渐尖，基部偏斜，表面无毛，背面叶脉有毛；基部三出脉，叶缘中部以上有锯齿；叶柄被柔毛。核果红褐色，单生于叶腋；果柄等长或稍长于叶柄。花期 5 月，果期 10 月。各山均有分布。图片摄于辰山。

葎草 *Humulus scandens* (Lour.) Merr.

缠绕草本，茎和叶柄有倒生皮刺。叶对生，掌状深裂，边缘有粗锯齿，两面均有粗糙刺毛。花雌雄异株。瘦果淡黄色，扁圆形。花期 7～8 月，果期 9～10 月。各山均有分布。

荨麻科 Urticaceae

苎麻 *Boehmeria nivea* (L.) Gaudich.

半灌木。茎、花序和叶柄密生柔毛。叶互生，宽卵形或近圆形，下面密生交织的白色柔毛。花雌雄同株，聚伞花序成圆锥状，雄花序位于雌花序之上。瘦果椭圆形。花期 8～9 月，果期 10 月。各山均有分布。图片摄于西佘山。

小叶冷水花

Pilea microphylla (L.) Liebm.

纤细小草本，无毛，铺散或直立。茎肉质，多分枝，高 3 ~ 17cm，粗 1 ~ 1.5mm，干时常变蓝绿色，密布条形钟乳体。叶很小，同对的不等大，倒卵形至匙形，长 3 ~ 7mm。花期夏秋季，果期秋季。图片摄于凤凰山。

蓼科 Polygonaceae

荞麦 *Fagopyrum esculentum* Moench

一年生草本。茎直立，高 30 ~ 90cm，上部分枝，绿色或红色，具纵棱，无毛或于一侧沿纵棱具乳头状突起。叶三角形或卵状三角形。花被 5 深裂，白色或淡红色；花柱 3， 柱头头状。瘦果卵形，具 3 锐棱，顶端渐尖，暗褐色，无光泽，比宿存花被长。花期 5 ~ 9 月，果期 6 ~ 10 月。钟贾山、天马山有分布，图片摄于钟贾山。

短毛金线草

Persicaria neofiliformis (Nakai) Ohki

多年生草本。茎疏生粗伏毛，节红色。叶互生，椭圆形，两面疏生短粗糙毛；托叶鞘筒状，褐色，有伏生粗糙毛。花疏生，成长穗状花序。花期 7 ~ 9 月，果期 8 ~ 11 月。西佘山、天马山和辰山有分布。图片摄于西佘山。

绵毛酸模叶蓼

Persicaria lapathifolia var. *salicifolia* (Sibth.) Miyabe

一年生草本。茎直立，节部膨大。叶互生，披针形，上面绿色，常有黑褐色斑点，下面密生白色绵毛；托叶鞘筒状，无毛。数个花穗组成圆锥花序；花被粉红色或白色。瘦果卵形，扁平，光亮。花、果期 6 ~ 11 月。各山均有分布。

丛枝蓼 *Persicaria posumbu* (Buch. - Ham. ex D. Don) H. Gross

一年生草本。茎细弱，无毛，具纵棱。叶卵状披针形或卵形，顶端尾状渐尖，基部宽楔形，纸质，两面疏生硬伏毛或近无毛，下面中脉稍凸出，边缘具缘毛。总状花序呈穗状，顶生或腋生，细弱，下部间断，花稀疏。瘦果卵形，具 3 棱，黑褐色，有光泽。花期 6 ~ 9 月，果期 7 ~ 10 月。各山均有分布。

扛板归 *Persicaria perfoliata* (L.) H. Gross

一年生攀缘草本。茎红褐色，有棱，棱及叶柄有倒生钩刺。叶互生，三角形，盾状着生；托叶鞘近圆形，穿茎。穗状花序短；花淡红色或白色，花被 5 深裂，裂片结果时增大，肉质，变为蓝色。瘦果球形。花、果期 6 ~ 10 月。各山均有分布。

何首乌 *Pleuropterus multiflorus* (Thunb.) Nakai

多年生草本，无毛，有肉质块根。茎缠绕，中空，多分枝。叶互生，卵形，两面无毛；托叶鞘短筒形。圆锥花序大而开展；苞片卵状披针形；花小，白色；花被 5 深裂，结果时增大。瘦果椭圆形，3 棱。花、果期 9 ~ 11 月。各山常见。图片摄于东佘山。

虎杖 *Reynoutria japonica* Houtt.

多年生草本。茎中空，表面散生红色或紫红色斑点。叶宽椭圆形或卵形；托叶鞘褐色，早落。花雌雄异株；圆锥花序腋生；花被 5 深裂，2 轮，外轮 3 片结果时增大。瘦果椭圆形，3 棱，黑褐色，光亮。花、果期 7 ~ 10 月。西佘山、钟贾山、薛山和辰山有分布。图片摄于西佘山。

齿果酸模 *Rumex dentatus* L.

一年生草本。茎直立，多分枝。叶互生，宽披针形或长圆形；托叶鞘筒状。花序顶生，花簇成轮状排列，苞片叶状；花两性，黄绿色；内轮花被结果时增大，边缘有不整齐的针状齿 4 ~ 5 对。瘦果卵形，有 3 锐棱。花、果期 5 ~ 7 月。各山均有分布。

苋科 Amaranthaceae

藜 *Chenopodium album* L.

一年生草本。茎直立，通常紫红色，有沟纹和绿色条纹。叶互生，下部叶菱状三角形，有不规则粗锯齿；上部叶披针形，叶片两面都有粉粒。花簇生。胞果光滑；种子卵圆形，扁平，黑色。花期 6 ~ 9 月，果期 10 ~ 11 月。各山均有分布。

牛膝 *Achyranthes bidentata* Blume

多年生草本。茎方形，有疏柔毛，茎节膨大。叶对生，椭圆形，全缘，幼时密生毛。穗状花序顶生和腋生，开花后总花梗伸长，花下折；苞片坚刺状。胞果长圆形。花期 7 ~ 9 月，果期 9 ~ 11 月。各山均有分布。

喜旱莲子草 *Alternanthera philoxeroides* (Mart.) Griseb.

别名：水花生。多年生草本。茎基部匍匐，上部上升，管状，不明显 4 棱。叶片矩圆形、矩圆状倒卵形或倒卵状披针形。花密生，成具总花梗的头状花序，单生在叶腋，球形。花期 5 ~ 10 月。原产于南美洲，恶性入侵杂草。各山均有分布。

紫茉莉科 Nyctaginaceae

紫茉莉 *Mirabilis jalapa* L.

一年生草本。单叶对生，纸质，卵形；叶柄长度超过叶片的一半。花1至数朵顶生；花被紫红色、白色或黄色；花筒长，顶端5裂，平展。果实卵形，黑色，有棱。花期7～10月，果期8～11月。入侵植物，原产于中美洲热带地区。西佘山有栽培后的逸生。

商陆科 Phytolaccaceae

垂序商陆 *Phytolacca americana* L.

别名：美洲商陆。多年生草本。叶大，长椭圆形或卵状椭圆形，质柔软，全缘。总状花序顶生或腋生；花被片5，白色或淡红色；雄蕊10；心皮10。果穗下垂，果实扁球形，紫黑色，多汁液。花期7～8月，果期8～10月。入侵植物，原产于北美洲。各山均有分布。

石竹科 Caryophyllaceae

球序卷耳 *Cerastium glomeratum* Thuill.

别名：婆婆指甲菜。一年生草本，全株密生长柔毛。叶对生，全缘。二歧聚伞花序顶生；花瓣倒卵形，白色，顶端 2 浅裂。蒴果圆柱形，10 齿裂；种子近三角形，褐色。花期 3 ~ 4 月，果期 4 ~ 5 月。 各山均有分布。

漆姑草 *Sagina japonica* (Sw.) Ohwi

一年生小草本。高 5 ~ 20cm，上部被稀疏腺柔毛。茎丛生，稍铺散。叶片线形，长 5 ~ 20mm，宽 0.8 ~ 1.5mm，顶端急尖，无毛。花小形，单生枝端；花梗细，长 1 ~ 2cm，被稀疏短柔毛。蒴果卵圆形，微长于宿存萼，5 瓣裂；种子细，圆肾形，微扁，褐色，表面具尖瘤状凸起。花期 3 ~ 5 月，果期 5 ~ 6 月。各山均有分布。

鹅肠菜 *Stellaria aquatica* (L.) Scop.

别名：牛繁缕。多年生草本。全株光滑，仅花序上有白色短软毛。叶对生，卵形或宽卵形，上部叶无柄，下部叶有柄。聚伞花序顶生，花梗细，花后下垂；萼片5，宿存，果期增大，外面有短柔毛；花瓣5，白色，2深裂几达基部。蒴果卵形。花期4～5月，果期4～6月。各山均有分布。

毛茛科 Ranunculaceae

女萎 *Clematis apiifolia* DC.

落叶木质藤本。小枝、花序、小苞片都有较密的短柔毛。三出复叶对生；小叶片卵形至宽卵形，边缘有粗锯齿。圆锥状聚伞花序，多花；萼片白色，长椭圆形至倒披针形。瘦果，成熟时花柱伸长呈羽毛状。花期8～9月，果期9～10月。西佘山、天马山、横山和凤凰山有分布。图片摄于横山。

威灵仙 *Clematis chinensis* Osbeck

落叶木质藤本。疏生短柔毛，植株干后黑色。叶对生，羽状复叶，小叶片 5 枚，卵形至卵状披针形，全缘。圆锥状花序顶生或腋生；萼片白色，顶端尖；无花瓣；心皮多数，离生。瘦果。花期 6 ~ 8 月，果期 9 ~ 10 月。天马山、机山、横山有分布。图片摄于机山。

还亮草 *Delphinium anthriscifolium* Hance

一年生草本。茎及花序轴有反曲细柔毛。叶互生，二回羽状全裂。总状花序生于分枝顶端；花淡蓝色，萼片 5，上部 1 片的基部延长成距；花瓣 2，不等 3 裂；退化雄蕊 2，花瓣状。蓇葖果。花、果期 4 ~ 5 月。各山均有分布。图片摄于西佘山。

刺果毛茛 *Ranunculus muricatus* L.

一年生草本，无毛。叶互生，近圆形，通常3裂，裂片有粗锯齿；基生叶有长叶柄，茎生叶叶柄向上渐短。花黄色。聚合果球形，瘦果扁平，有宽的边缘，两面各生10多枚小刺。花、果期3～6月。各山均有分布。图片摄于机山。

猫爪草 *Ranunculus ternatus* Thunb.

别名：小毛茛。多年生草本。块根数个，纺锤形。茎细弱，疏生短柔毛。基生叶丛生，有长柄，三出复叶或为3裂的单叶，中间的小叶片或裂片较大，顶端齿状浅裂；茎生叶无柄，3深裂。花黄色。瘦果卵形，有短而稍弯的果喙。花、果期2～4月。各山均有分布。图片摄于东佘山。

天葵 *Semiaquilegia adoxoides* (DC.) Makino

多年生草本，有块根。茎细弱，疏生短柔毛。三出复叶，小叶片扇状菱形，常3深裂，裂片顶端有缺刻状钝齿。花小，排成单歧聚伞花序；萼片5，白色；花瓣5，淡黄色，下部管状，基部有距。蓇葖果。花期3～4月，果期4～5月。各山均有分布。图片摄于西佘山。

唐松草 *Thalictrum aquilegiifolium* var. *sibiricum* Regel & Tiling

草本，植株全部无毛。基生叶在开花时枯萎；茎生叶为三至四回三出复叶；小叶草质，顶生小叶倒卵形或扁圆形，三浅裂，裂片全缘或有1～2牙齿；两面脉平或在背面脉稍隆起。圆锥花序伞房状，有多数密集的花。瘦果倒卵形。花期4月。图片摄于钟贾山。

木通科 Lardizabalaceae

木通 *Akebia quinata* (Houtt.) Decne.

缠绕木质藤本。掌状复叶，小叶5枚，倒卵形至椭圆形，顶端微凹，并有细尖，全缘。花雌雄同株；雌花暗紫色，心皮3～9枚，离生；雄花淡紫色至白色，雄蕊6。肉质蓇葖果椭圆形，成熟时暗红色；种子多数。花期4～5月，果期8月。东佘山、西佘山、天马山、薛山和凤凰山有分布。图片摄于天马山。

防己科 Menispermaceae

木防己 *Cocculus orbiculatus* (L.) DC.

缠绕藤本。小枝被绒毛至疏柔毛。叶互生，形状多变，卵形或卵状椭圆形，全缘，有时3裂，两面均有柔毛；叶柄长1～3cm，被白色柔毛。花雌雄异株，聚伞状圆锥花序腋生。核果近球形，蓝黑色，有白粉。花、果期5～10月。各山均有分布。图片摄于横山。

樟科 Lauraceae

樟 *Camphora officinarum* Nees

别名：香樟。常绿乔木。叶互生，薄革质，卵形至椭圆状卵形，离基三出脉，脉腋有腺点。圆锥花序生于新枝的叶腋内，花黄绿色。浆果球形，成熟后黑紫色。花期 5 月，果期 10 ~ 11 月。松江区栽培数量最多的树种，各山均有栽培。

天竺桂 *Cinnamomum japonicum* Siebold

常绿乔木。叶近对生或在枝条上部者互生，卵圆状长圆形至长圆状披针形，离基三出脉，中脉直贯叶端；叶柄粗壮，腹凹背凸，红褐色，无毛。圆锥花序腋生。果长圆形，无毛。花期 4 ~ 5 月，果期 7 ~ 9 月。图片摄于天马山。

山胡椒 *Lindera glauca* (Siebold & Zucc.) Blume

落叶灌木或小乔木。小枝黄白色，幼时有毛。叶互生，椭圆形至倒卵状椭圆形，下面苍白色，密生细柔毛。伞形花序腋生，花 2 ~ 4 朵，有短花序梗。浆果状核果，球形，黑色或紫褐色，果梗有毛。花期 4 月，果期 9 ~ 10 月。各山均有分布。图片摄于西佘山。

舟山新木姜子 *Neolitsea sericea* (Blume) Koidz.

乔木。叶互生，椭圆形至披针状椭圆形，离基三出脉，叶柄长 2 ~ 3cm，颇粗壮。伞形花序簇生叶腋或枝侧，无总梗，每一花序有花 5 朵；雄花能育，雄蕊 6，基部有长柔毛；雌花退化。果球形，径约 1.3cm；果托浅盘状；果梗粗壮，长 4 ~ 6mm，有柔毛。花期 9 ~ 10 月，果期翌年 1 ~ 2 月。图片摄于天马山。

十字花科 Brassicaceae

荠 *Capsella bursa-pastoris* (L.) Medik.

一年或二年生草本。基生叶莲座状，大头状羽裂、深裂或不整齐羽裂；茎生叶互生，披针形，基部箭形，抱茎。总状花序顶生，花后延伸；花小，白色。短角果倒三角心形，顶端微凹，两侧压扁；种子细小，淡褐色。花、果期3～6月。各山均有分布。

碎米荠 *Cardamine occulta* Hornem.

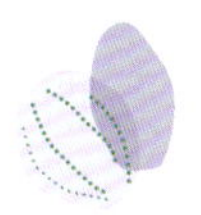

一年或二年生草本。无毛或疏生柔毛。羽状复叶，有小叶2～5对，互生小叶长卵形至线形，1～3浅裂或全缘。花白色。长角果线形，果瓣无脉或基部有不明显的中脉。花期2～4月，果期4～6月。各山均有分布。

臭荠 *Lepidium didymum* L.

一年或二年生草本，通常铺地生。主茎短而不明显，多分枝，有柔毛。叶为 1～2 回羽状全裂，裂片线形，无毛。总状花序腋生，长可达 4cm；花小，白色。短角果小扁球形，顶端凹，表面有皱纹。花期 3～4 月，果期 4～5 月。各山均有分布。

诸葛菜 *Orychophragmus violaceus* (L.) O. E. Schulz

二年生草本。叶形变化很大，基生叶和下部茎生叶大头状羽裂，裂片全缘或有锯齿状缺刻；茎上部叶无柄，长圆形，耳状抱茎，边缘有不整齐的锯齿。总状花序顶生，淡紫色。长角果线形，4 棱。花期 3～4 月，果期 4～5 月。各山均有分布。图片摄于凤凰山。

罂粟科 Papaveraceae

紫堇 *Corydalis edulis* Maxim.

一年生草本。花枝花莛状，常与叶对生。叶 1 ~ 2 回羽状全裂，小裂片狭卵圆形，顶端钝。总状花序具花 3 ~ 10 朵，花粉红色至紫红色，平展；外花瓣较宽展，顶端微凹，无鸡冠状突起，距长约 5mm，向下弯曲。蒴果线形，下垂。花、果期 4 ~ 6 月。西佘山和天马山、小昆山有分布。图片摄于天马山。

刻叶紫堇 *Corydalis incisa* (Thunb.) Pers.

多年生草本。叶具长柄，基部具鞘；叶片二回三出羽裂，裂片具缺刻状齿。总状花序；花紫红色至紫色，外花瓣具陡峭的鸡冠状突起，距圆筒形，近直，末端稍圆钝。蒴果线形至长圆形。花、果期 4 ~ 5 月。东佘山、西佘山、天马山和小昆山有分布。图片摄于西佘山。

金缕梅科 Hamamelidaceae

蚊母树 *Distylium racemosum* Siebold & Zucc.

常绿灌木或中乔木。叶革质，椭圆形或倒卵状椭圆形，叶柄长 5 ~ 10mm，略有鳞垢。花雌雄同在一个花序上，雌花位于花序的顶端。蒴果卵圆形，上半部两片裂开，果梗短。花期 4 ~ 6 月，果期 6 ~ 8 月。图片摄于东佘山。

蕈树科 Altingiaceae

枫香树 *Liquidambar formosana* Hance

落叶乔木。叶互生，纸质，掌状 3 裂，边缘有细锯齿；叶柄细长。花单性同株，无花瓣，呈头状花序。头状果序球形，下垂，宿存花柱和萼齿针刺状。花期 4 ~ 5 月，果期 10 月。辰山有栽培。

景天科 Crassulaceae

珠芽景天 *Sedum bulbiferum* Makino

一年生草本，细弱。叶互生或在茎上对生，长圆形至倒卵形，顶端尖或钝，基部渐狭，有短距，腋间常有小球形珠芽。花无梗，顶生疏散的聚伞花序；萼片5，有距；花瓣5，黄色。花期4～5月，果期5～6月。各山均有分布。

凹叶景天 *Sedum emarginatum* Migo

多年生草本。植株细弱，着地部分生有不定根。叶对生，倒卵形，顶端凹缺，近无柄，有短距。聚伞花序顶生，常3分枝；花无梗，萼片5，短于花瓣，基部有短距；花瓣5，黄色。花期5～6月，果期7月。横山和小昆山有分布。

爪瓣景天 *Sedum onychopetalum* Fröd.

多年生草本，有长的横生根茎。植株无毛，带紫色。叶轮生，披针形至阔线形，顶端钝，基部有距。聚伞花序顶生，2～3分枝；花无梗，黄色；花瓣披针形，上部狭成爪状，顶端一侧有小尖头突起。花期5～7月，果期7～8月。各山均有分布。

垂盆草 *Sedum sarmentosum* Bunge

多年生草本。不育枝匍匐。叶3片轮生，倒披针形至长圆形。聚伞花序疏松，3～5分枝；花淡黄色，无梗。花期5～6月，果期7～8月。天马山、机山和小昆山有分布。

蔷薇科 Rosaceae

蛇莓 *Duchesnea indica*(Andr.)Focke

多年生草本。匍匐长30～100cm，有柔毛。羽状复叶有3枚小叶，小叶片倒卵形，先端圆钝，边缘有钝锯齿，有柔毛。花单生于叶腋；副萼片倒卵形，比萼片长，先端常具3～5锯齿；花托在果期膨大，鲜红色，有光泽，直径10～20mm。花期6～8月，果期8～10月。各山均有分布。图片摄于凤凰山。

重瓣棣棠花 *Kerria japonica* (L.) DC. f. *pleniflora* (Witte) Rehd.

棣棠花的变型，重瓣。落叶灌木，高1～2m。小枝绿色，圆柱形，无毛，常拱垂，嫩枝有棱角。叶互生，三角状卵形或卵圆形，顶端长渐尖，基部圆形、截形或微心形，边缘有尖锐重锯齿。重瓣花，着生在当年生侧枝顶端，花梗无毛；花直径2.5～6cm；花瓣黄色，宽椭圆形，顶端下凹。瘦果倒卵形至半球形，褐色或黑褐色，表面无毛，有皱褶。花期4～6月，果期6～8月。东、西佘山有分布。图片摄于东佘山。

石楠 *Photinia serratifolia* (Desf.) Kalkman

常绿小乔木。枝光滑。叶互生，革质，长椭圆形至倒卵状椭圆形，边缘有带腺的锯齿，无毛。复伞房花序顶生，花白色；子房半下位，花柱 2 ~ 3 裂。梨果近球形，直径约 5mm，红色至紫褐色。花期 4 ~ 5 月，果期 10 月。图片摄于西佘山。

小果蔷薇 *Rosa cymosa* Tratt.

落叶攀缘灌木。无毛，有钩状皮刺。羽状复叶互生，小叶 3 ~ 7 枚，卵状披针形，边缘有细锯齿；托叶离生，线形，早落。复伞房花序；花瓣 5，白色，倒卵形，先端凹。果球形，红色至黑褐色，萼片脱落。花期 5 ~ 6 月，果期 7 ~ 11 月。各山均有分布。图片摄于小昆山。

野蔷薇 *Rosa multiflora* Thunb.

落叶攀缘灌木。小枝有稍弯曲皮刺。羽状复叶互生，小叶 5 ~ 9 枚，倒卵形至卵形，边缘有尖锐锯齿；托叶篦齿状，贴生于叶柄。圆锥状聚伞花序；花瓣 5，白色，宽倒卵形，先端微凹；花柱结合成束，比雄蕊稍长。果近球形，红褐色。花期 5 ~ 6 月，果期 7 ~ 10 月。各山均有分布，图片摄于小昆山。

掌叶覆盆子 *Rubus chingii* Hu

藤状灌木。枝细，具皮刺，无毛。单叶互生，掌状 5 深裂，具重锯齿。单花腋生，花梗长 2 ~ 4cm，无毛；花瓣 5，椭圆形或卵状长圆形，白色，顶端圆钝。果实近球形，红色，密被灰白色柔毛；核有皱纹。花期 3 ~ 4 月，果期 5 ~ 6 月。图片摄于天马山。

山莓 *Rubus corchorifolius* L.f.

直立灌木，枝具皮刺。单叶互生，卵形至卵状披针形，边缘不分裂或3裂，有不规则锐锯齿或重锯齿。花单生于短枝上；花瓣5，长圆形，白色，长于萼片。聚合果近球形，直径约1cm，红色，密被细柔毛。花期2～3月，果期4～6月。天马山有分布。

蓬蘽 *Rubus hirsutus* Thunb.

灌木。枝红褐色，疏生皮刺。羽状复叶互生，小叶3～5枚，卵形或宽卵形，边缘具不整齐尖锐重锯齿。花常单生于侧枝顶端；花瓣5，倒卵形或近圆形，白色。果实近球形，直径1～2cm，无毛。花期4月，果期5～6月。各山均有分布。图片摄于西佘山。

高粱泡 *Rubus lambertianus* Ser.

半落叶藤状灌木。枝有微弯小皮刺。单叶互生，宽卵形，边缘明显 3 ~ 5 裂或呈波状，有细锯齿。圆锥花序顶生；花瓣 5，倒卵形，白色，稍短于萼片。果实近球形，无毛，熟时红色。花期 7 ~ 8 月，果期 9 ~ 11 月。凤凰山、东佘山、西佘山和天马山有分布。图片摄于凤凰山。

茅莓 *Rubus parvifolius* L.

灌木。枝有柔毛和稀疏钩状皮刺。羽状复叶互生，小叶 3 枚，菱状圆形或倒卵形，边缘有不整齐粗重锯齿。伞房花序顶生或腋生；花直径约 1cm；花萼外面密被柔毛和疏密不等的针刺；花瓣 5，粉红色至紫红色。果实卵球形，红色。花期 5 ~ 6 月，果期 7 ~ 8 月。各山均有分布。图片摄于横山。

豆科 Fabaceae

合欢 *Albizia julibrissin* Durazz.

落叶乔木。嫩枝、花序和叶轴被绒毛或短柔毛。二回羽状复叶互生，羽片 4 ~ 12 对；小叶 10 ~ 30 对，线形至长圆形。花期 6 ~ 7 月，果期 8 ~ 10 月。各山均有分布。

网络夏藤 *Wisteriopsis reticulata* (Benth.) J. Compton & Schrire

藤本。羽状复叶互生，小叶 3 ~ 4 对，硬纸质，卵状长椭圆形或长圆形，两面均无毛，网脉明显。圆锥花序顶生，花序轴被黄褐色柔毛；花冠红紫色。荚果线形，狭长，扁平，瓣裂。花、果期 5 ~ 11 月。各山均有分布。图片摄于小佘山。

黄檀 *Dalbergia hupeana* Hance

落叶乔木。树皮呈薄片状剥落。羽状复叶互生，小叶3～5对，近革质，椭圆形。圆锥花序顶生，花密集；花冠白色或淡紫色，长2倍于花萼；雄蕊成“5+5”的二体。荚果长圆形。花期5～7月，果期9～10月。西佘山有近百年古树。

野大豆 *Glycine soja* auct.non Siebold & Zucc.

国家二级重点保护野生植物。一年生缠绕草本，长1～4m。茎、小枝纤细，全体疏被褐色长硬毛。叶具3小叶，长可达14cm；托叶卵状披针形，急尖，被黄色柔毛。总状花序通常短，稀长可达13cm；花期7～8月，果期8～10月。各山均有分布。

长柄山蚂蟥

Hylodesmum podocarpum (DC.) H. Ohashi & R. R. Mill

直立草本。羽状复叶有 3 枚小叶，小叶纸质，顶生小叶宽倒卵形，侧生小叶斜卵形，较小，偏斜。圆锥花序顶生；总花梗被柔毛和钩状毛；花冠紫红色。荚果通常有荚节 2，荚节略呈宽半倒卵形，被钩状毛和小直毛。花、果期 8 ~ 9 月。图片摄于西佘山。

鸡眼草 *Kummerowia striata* (Thunb.) Schindl.

一年生草本。多分枝，茎和枝上被倒生的白色细毛。羽状复叶有 3 枚小叶；托叶大，宿存；小叶纸质，倒卵形，全缘。花小，1 ~ 3 朵簇生于叶腋；花冠粉红色或紫色。荚果圆形或倒卵形，稍侧扁。花期 7 ~ 9 月，果期 8 ~ 10 月。天马山、横山和小昆山有分布。

中华胡枝子

Lespedeza chinensis G. Don

小灌木，全株被白色伏毛。羽状复叶具 3 枚小叶，小叶倒卵状长圆形。总状花序腋生，短于叶，少花；花冠白色或黄色。荚果卵圆形，先端具喙，基部稍偏斜，表面有网纹，密被白色伏毛。花期 8 ~ 9 月，果期 10 ~ 11 月。各山均有分布。图片摄于东佘山。

美丽胡枝子

Lespedeza thunbergii subsp. *formosa* (Vogel) H. Ohashi

直立灌木。枝被疏柔毛。羽状复叶有 3 枚小叶，小叶椭圆形，下面贴生短柔毛。总状花序腋生，比叶长，数个组成顶生的圆锥花序；花冠红紫色。荚果倒卵形，表面具网纹且被疏柔毛。花期 7 ~ 9 月，果期 9 ~ 10 月。东、西佘山有分布。图片摄于东佘山。

铁马鞭 *Lespedeza pilosa* (Thunb.)Siebold et Zucc.

多年生草本，全株密被长柔毛。羽状复叶具 3 枚小叶，小叶宽倒卵形或倒卵圆形，顶生小叶较大。总状花序腋生，比叶短；花冠黄白色。荚果广卵形，凸镜状，先端具尖喙。花期 7 ~ 9 月，果期 9 ~ 10 月。东佘山、天马山、薛山有分布。

葛 *Pueraria montana* var. *lobata* (Ohwi) Maesen & S. M. Almeida

别名：葛藤。粗壮藤本，全体被黄色长硬毛。羽状复叶具 3 枚小叶；小叶 3 裂，偶尔全缘，顶生小叶宽卵形，侧生小叶斜卵形，稍小。总状花序腋生；花冠紫色。荚果长椭圆形，扁平。花期 9 ~ 10 月，果期 11 ~ 12 月。东佘山和横山有分布。

白车轴草 *Trifolium repens* L.

多年生草本。茎匍匐蔓生，全株无毛。掌状三出复叶，小叶倒卵形至近圆形。头状花序球形；总花梗比叶柄长近1倍，花20～50朵，密集；花冠白色、乳黄色或淡红色，具香气。荚果长圆形。花、果期5～10月。天马山、钟贾山有分布。

救荒野豌豆 *Vicia sativa* L.

别名：大巢菜。一年或二年生草本。茎直立或攀缘，被微柔毛。偶数羽状复叶，叶轴顶端卷须有2～3分枝；小叶2～7对，长椭圆形或近心形，两面被贴伏黄柔毛。花1～2朵腋生，近无梗；花冠紫红色或红色。荚果长圆形，有毛。花期4～6月，果期5～6月。各山均有分布。

四籽野豌豆

Vicia tetrasperma (L.) Moench

一年生缠绕草本，高20～60cm。茎纤细柔软有棱，多分枝，被微柔毛。偶数羽状复叶，小叶2～6对。总状花序长约3cm，花1～2朵着生于花序轴先端；花冠淡蓝色或带蓝、紫白色。种子4，扁圆形，直径约0.2cm。花期3～6月，果期6～8月。西佘山、横山和机山有分布。

紫藤 *Wisteria sinensis* (Sims) Sweet

落叶藤本。奇数羽状复叶，小叶3～6对，纸质，卵状椭圆形，上部小叶较大，基部1对最小。总状花序，花序轴被白色柔毛；花芳香；花冠紫色。荚果倒披针形，密被绒毛，悬垂枝上不脱落。花期4月中旬至5月上旬，果期5～8月。图片摄于东佘山。

酢浆草科 Oxalidaceae

酢浆草 *Oxalis corniculata* L.

多年生草本，全株被柔毛。茎细弱，匍匐茎节上生根。掌状复叶有3枚小叶，小叶无柄，倒心形。花1至数朵，集为腋生伞形花序状；萼片5，披针形或长圆状披针形，宿存；花瓣5，黄色，长圆状倒卵形。蒴果长圆柱形，5棱。花、果期2～9月。各山均有分布。

红花酢浆草 *Oxalis corymbosa* DC.

多年生直立草本。无地上茎，地下部分有球状鳞茎，外层鳞片膜质，褐色，被长缘毛。叶基生小叶3，扁圆状倒心形。花瓣5，倒心形，长1.5～2cm，为萼片长的2～4倍，淡紫色至紫红色，基部颜色较深。花、果期3～12月。

牻牛儿苗科 Geraniaceae

野老鹳草 *Geranium carolinianum* L.

一年生草本。茎具棱角，密被倒向短柔毛。茎生叶互生或最上部对生；叶片圆肾形，掌状5～7裂近基部，每裂片又3～5裂，两面有柔毛。花成对生于叶腋；花瓣淡紫红色，倒卵形，稍长于萼片。蒴果被短糙毛，成熟时果瓣由下向上开裂，反卷。花期4～7月，果期5～9月。各山均有分布。图片摄于薛山。

芸香科 Rutaceae

野花椒 *Zanthoxylum simulans* Hance

落叶灌木或小乔木，枝有直生的皮刺。羽状复叶，有小叶5～15枚，小叶对生，卵形至卵状椭圆形，油点多，叶面有刚毛状细刺。花序顶生，花淡黄绿色。果红褐色，油点多，微凸起。花期3～5月，果期7～9月。东佘山、天马山、横山和凤凰山有分布。

苦木科 Simaroubaceae

臭椿 *Ailanthus altissima* (Mill.)Swingle

落叶乔木。奇数羽状复叶，小叶 13 ~ 27 枚，纸质，卵状披针形，两侧各具 1 或 2 个粗锯齿，齿背有腺体 1 个。花期 4 ~ 5 月，果期 8 ~ 10 月。东佘山、天马山和小昆山有栽培。

楝科 Meliaceae

楝 *Melia azedarach* L.

别名：苦楝。落叶乔木。树皮灰褐色，纵裂。2 ~ 3 回奇数羽状复叶，小叶对生。圆锥花序约与叶等长；花瓣淡紫色，倒卵状匙形；雄蕊管紫色。核果球形至椭圆形，直径 1 ~ 2cm。花期 4 ~ 5 月，果期 10 ~ 12 月。西佘山、天马山、薛山和机山有分布。

叶下珠科 Phyllanthaceae

重阳木 *Bischofia polycarpa* (H.Lév.) Airy Shaw

落叶乔木。树皮纵裂，全株均无毛。三出复叶，顶生小叶通常较两侧大，小叶片纸质，卵形，边缘具钝细锯齿。总状花序，雌雄异株；花序轴纤细而下垂。果实浆果状，圆球形，成熟时褐红色。花期 4 ~ 5 月，果期 10 ~ 11 月。横山有分布。

算盘子 *Glochidion puberum* (L.)Hutch.

灌木。小枝、叶片下面、萼片外面、子房和果实均密被短柔毛。叶片纸质或近革质，长圆形。花小，雌雄同株或异株，2 ~ 5 朵簇生于叶腋内。蒴果扁球状，边缘有 8 ~ 10 条纵沟，成熟时带红色。花期 4 ~ 8 月，果期 7 ~ 11 月。横山、小昆山、薛山和凤凰山有分布。

青灰叶下珠 *Phyllanthus glaucus* Wall. ex Müll. Arg.

灌木，全株无毛。叶互生，膜质，椭圆形或长圆形。花数朵簇生，通常 1 朵雌花与数朵雄花同生于叶腋。蒴果浆果状，紫黑色，基部有宿存的萼片。花期 4 ~ 7 月，果期 7 ~ 10 月。钟贾山、东佘山、西佘山、天马山和横山有分布。图片摄于钟贾山。

大戟科 Euphorbiaceae

铁苋菜 *Acalypha australis* L.

一年生草本。叶互生，膜质，长卵形至阔披针形，边缘具圆锯齿；基出脉 3 条。雌雄花同序，腋生，雌花苞片 1 ~ 2 枚，卵状心形，花后增大，边缘具三角形齿；雄花生于花序上部。蒴果直径 4mm，具 3 个分果爿。花、果期 4 ~ 12 月。各山均有分布。

泽漆

Euphorbia helioscopia L.

别名：五灯头草。一年生草本。茎直立，自基部分枝，无毛。叶互生，倒卵形或匙形，先端具细锯齿。茎顶端有总苞叶 5 枚，与茎生叶相似。多歧聚伞花序，总伞幅 5 枚。花序单生，总苞钟状。雄花数枚，雌花 1 枚。蒴果三棱状阔圆形。花、果期 4 ~ 10 月。各山均有分布。

斑地锦草

Euphorbia maculata L.

一年生草本。茎匍匐，被白色疏柔毛。叶对生，长椭圆形至肾状长圆形，基部偏斜，中部以上具疏锯齿；叶面绿色，中部常具有一个长圆形紫色斑点。花序单生于叶腋，总苞狭杯状，外部具白色疏柔毛。蒴果三角状卵形，被稀疏柔毛。花、果期 4 ~ 9 月。松江区常见。

杠香藤 *Mallotus repandus* var. *chrysocarpus* (Pamp.) S.M.Hwang

攀缘状灌木。嫩枝、叶柄、花序和花梗均密生黄色星状柔毛。叶互生，纸质或膜质，卵形或椭圆状卵形，边全缘或波状。花雌雄异株，总状花序或下部有分枝，顶生。蒴果直径约 1cm。花期 4 ~ 6 月，果期 8 ~ 11 月。天马山、小昆山和凤凰山有分布。图片摄于凤凰山。

乌桕 *Triadica sebifera* (L.)Small

乔木。各部均无毛而具乳状汁液，树皮纵裂。叶互生，纸质，叶片菱形，全缘；叶柄纤细，顶端具 2 个腺体。花雌雄同株，聚集成顶生的总状花序。蒴果梨状球形，成熟时黑色，直径 1 ~ 1.5cm，具 3 粒种子。花期 4 ~ 8 月，果期 10 ~ 11 月。各山均有分布。

油桐 *Vernicia fordii* (Hemsl.)Airy Shaw

落叶乔木。树皮光滑，无毛，具明显皮孔。叶互生，卵圆形，全缘，稀 1 ~ 3 浅裂，掌状脉 5 或 7 条，叶柄顶端有 2 个腺体。聚伞花序，先叶或与叶同时开放；花瓣白色，有淡红色脉纹，倒卵形，基部爪状。核果近球状，果皮光滑。花期 3 ~ 4 月，果期 8 ~ 9 月。天马山和横山有分布。图片摄于横山。

漆树科 Anacardiaceae

黄连木 *Pistacia chinensis* Bunge

落叶乔木。偶数羽状复叶互生，有小叶 5 ~ 6 对；小叶近对生，纸质，披针形或卵状披针形，基部偏斜，全缘。花单性异株，先花后叶；圆锥花序腋生。核果倒卵状球形，略压扁，紫红色。花期 4 月，果期 9 月。东、西佘山，天马山，小昆山，机山和辰山有分布。

盐麸木 *Rhus chinensis* Mill.

落叶小乔木或灌木。小枝、叶柄、叶背面、花序被锈色柔毛。奇数羽状复叶，有小叶 3 ~ 6 对，叶轴具宽的叶状翅，小叶自下而上逐渐增大；小叶卵形至长圆形，边缘具粗锯齿或圆齿。圆锥花序，花白色。核果扁球形，红色。花期 8 ~ 9 月，果期 10 月。各山均有分布。图片摄于天马山。

冬青科 Aquifoliaceae

冬青 *Ilex chinensis* Sims

常绿乔木。树皮灰黑色。叶互生，薄革质至革质，椭圆形或披针形，边缘具圆齿，干后深褐色。聚伞花序腋生，花淡紫色或紫红色。核果长球形，红色。花期 4 ~ 6 月，果期 7 ~ 12 月。东、西佘山，辰山和薛山有分布。

枸骨

Ilex cornuta Lindl. & Paxt.

常绿灌木或小乔木。叶互生，厚革质，四角状长圆形，先端具3枚尖硬刺齿，中央刺齿常反曲，两侧各具1～2刺齿。花序簇生于二年生枝的叶腋内，花淡黄色。核果球形，熟时鲜红。花期4～5月，果期10～12月。栽培种，东、西佘山，天马山有栽培。

卫矛科 Celastraceae

南蛇藤 *Celastrus orbiculatus* Thunb.

藤本。小枝无毛，具多数皮孔。叶互生，阔倒卵形，近圆形或长方椭圆形，边缘具锯齿，无毛。聚伞花序腋生；花黄绿色，雌雄异株。蒴果近球状；假种皮红色。花期5～6月，果期7～10月。西佘山、天马山和凤凰山有分布。

卫矛 *Euonymus alatus* (Thunb.)Siebold

灌木。小枝常具 2 ~ 4 列宽阔木栓翅。叶对生，卵状椭圆形，边缘具细锯齿，无毛。聚伞花序 1 ~ 3 朵花；花白绿色，4 基数。蒴果 1 ~ 4 深裂，裂瓣椭圆状；假种皮橙红色。花期 5 ~ 6 月，果期 7 ~ 10 月。天马山、辰山和凤凰山有分布。图片摄于辰山。

扶芳藤 *Euonymus fortunei* (Turcz.) Hard. - Mazz.

常绿藤本状灌木。茎贴地处随生不定根。叶对生，薄革质，椭圆形，宽窄变异较大，边缘齿浅不明显。聚伞花序腋生，3 ~ 4 次分枝；花白绿色，4 基数。蒴果粉红色，果皮光滑，近球状；假种皮鲜红色。花期 6 月，果期 10 月。各山均有分布。

白杜 *Euonymus maackii* Rupr.

别名：丝绵木。小乔木。叶对生，卵状椭圆形，边缘具细锯齿；叶柄通常细长，为叶片的1/4～1/3。聚伞花序3至多花；花4基数，黄绿色。蒴果倒圆心状，4浅裂；假种皮橙红色。花期5～6月，果期9月。各山均有分布。图片摄于天马山。

无患子科 Sapindaceae

三角槭 *Acer buergerianum* Miq.

别名：三角枫。落叶乔木。树皮片状剥落。小枝紫绿色，近于无毛。单叶对生，纸质，椭圆形或倒卵形，通常浅3裂，裂片成三叉状，通常全缘。伞房花序顶生，被短柔毛。翅果黄褐色，两翅张开成锐角或近于直立。花期4月，果期8月。东佘山和辰山有分布。

无患子 *Sapindus saponaria* L.

落叶大乔木。嫩枝绿色，无毛。偶数羽状复叶互生，小叶 5 ~ 8 对，近对生，薄纸质，长椭圆状披针形，基部稍不对称，全缘。圆锥花序顶生。发育分果爿近球形，橙黄色，未发育部分残留在基部。花期 5 ~ 6 月，果期 11 月。东佘山有栽植。

鼠李科 Rhamnaceae

枳椇 *Hovenia acerba* Lindl.

别名：拐枣。落叶乔木。小枝被棕褐色短柔毛。叶互生，厚纸质，边缘常具整齐、浅而钝的细锯齿。二歧聚伞花序，被棕色短柔毛；花黄绿色。浆果状核果近球形，褐色；果序轴明显膨大，肉质，扭曲。花期 5 ~ 7 月，果期 8 ~ 10 月。图片摄于东佘山。

猫乳 *Rhamnella franguloides* (Maxim.) Web.

落叶灌木。幼枝绿色，被短柔毛。叶互生，倒卵状矩圆形，边缘具细锯齿，下面被柔毛。花黄绿色，两性，5 基数，排成腋生聚伞花序。核果圆柱形，红色或橘红色，干后变紫黑色。花期 5 ~ 7 月，果期 7 ~ 10 月。钟贾山和机山有分布。图片摄于机山。

雀梅藤 *Sageretia thea* (Osbeck) M. C. Johnst.

藤状或直立灌木。小枝具刺，被短柔毛。叶纸质，近对生或互生，通常椭圆形，边缘具细锯齿。穗状或圆锥状穗状花序，花序轴被绒毛或密短柔毛；花黄色，无梗。核果近圆球形，成熟时紫黑色。花期 7 ~ 11 月，果期翌年 3 ~ 5 月。东、西佘山，天马山，横山，机山和辰山有分布。

蓝果树科 Nyssaceae

喜树 *Camptotheca acuminata* Decne.

落叶乔木。叶互生，纸质，矩圆状卵形或矩圆状椭圆形，全缘。头状花序近球形，直径1.5～2cm，顶生或腋生；翅果矩圆形，顶端具宿存的花盘，两侧具窄翅，幼时绿色，干燥后黄褐色，着生成近球形的头状果序。花期5～7月，果期9月。图片摄于小佘山。

珙桐 *Davidia involucrata* Baill.

落叶乔木。高达25m，胸径1m。树皮灰褐至深褐色，成不规则薄片剥落；叶互生，集生幼枝顶部，宽卵形或圆形，长9～15cm，宽7～12cm，先端骤尖，基部深心形至浅心形，具三角状粗齿，齿端锐尖；幼叶上面疏被长柔毛，下面密被淡黄或白色丝状粗毛；侧脉8～9对；叶柄长4～5(7)cm，幼时疏生柔毛；杂性同株；常由多数雄花与1枚雌花或两性花组成球形头状花序。核果单生，长圆形。花期4月，果期10月。图片摄于天马山。

桃金娘科 Myrtaceae

赤楠 *Syzygium buxifolium* Hook. et Arn.

灌木或小乔木。嫩枝有棱，干后黑褐色。叶片革质，阔椭圆形至椭圆形，有时阔倒卵形，上面干后暗褐色，无光泽，下面稍浅色，有腺点，侧脉多而密，叶柄长2mm。聚伞花序顶生，长约1cm，有花数朵；萼管倒圆锥形，长约2mm，萼齿浅波状；花瓣4，分离。果实球形，直径5～7mm。花期6～8月。图片摄于钟贾山。

葡萄科 Vitaceae

异叶蛇葡萄 *Ampelopsis glandulosa* var. *heterophylla* (Thunb.) Momiyama

木质藤本。小枝被疏柔毛。卷须2～3叉分枝，每隔2节间断与叶对生。叶心形或卵形，3～5中裂，边缘有急尖锯齿，下面沿脉有疏柔毛。聚伞花序，花序梗被疏柔毛；花黄绿色。浆果近球形，蓝黑色。花期4～6月，果期7～10月。各山均有分布。

乌蔹莓 *Causonis japonica* (Thunb.) Raf.

草质藤本。卷须 2 ~ 3 叉分枝，与叶对生。叶为鸟足状 5 小叶的复叶；小叶长椭圆形，边缘每侧有 6 ~ 15 个锯齿。二歧聚伞花序腋生，花黄绿色，4 基数；花盘橘红色，与子房下部合生。浆果近球形，黑色。花期 3 ~ 8 月，果期 8 ~ 11 月。各山均有分布。

地锦 *Parthenocissus tricuspidata* (Siebold & Zucc.) Planch.

别名：爬山虎。木质藤本。卷须 5 ~ 9 分枝，顶端扩大成吸盘。叶通常为单叶，3 裂，下部枝上有时分裂成 3 小叶，幼枝上的叶较小，常不分裂；叶片卵圆形，边缘有粗锯齿。多歧聚伞花序着生在短枝上。浆果球形。花期 5 ~ 8 月，果期 9 ~ 10 月。各山均有分布。

锦葵科 Malvaceae

小花扁担杆 *Grewia biloba* var. *parviflora* (Bunge) Hand. - Mazz.

灌木或小乔木。嫩枝被星状粗毛。叶互生，薄革质，椭圆形或倒卵状椭圆形，两面有星状粗毛，基出脉 3 条，边缘有细锯齿。聚伞花序腋生，多花，花黄绿色。核果红色，有 2～4 颗分核。花期 5～7 月，果期 8～9 月。除钟贾山、薛山外，其他各山均有分布。图片摄于机山。

山茶科 Theaceae

茶 *Camellia sinensis* (L.) Kuntze

常绿灌木或小乔木。嫩枝无毛。叶互生，革质，长圆形或椭圆形，边缘有锯齿。花 1～3 朵腋生，白色；萼片 5，无毛，宿存；花瓣 5～6，基部略联合。蒴果球形或呈 3 瓣状，每室有种子 1～2 粒。花期 10～11 月，果期翌年 10 月。西佘山有栽培。

木荷 *Schima superba* Gardner & Champ.

大乔木。高25m，嫩枝通常无毛。叶革质或薄革质，椭圆形，长7～12cm，宽4～6.5cm，先端尖锐，有时略钝，基部楔形，上面干后发亮，下面无毛，边缘有钝齿；叶柄长1～2cm。花生于枝顶叶腋，常多朵排成总状花序，白色，花柄长1～2.5cm，纤细，无毛；花瓣长1～1.5cm，最外1片风帽状，边缘多少有毛；子房有毛。蒴果直径1.5～2cm。花期6～8月。图片摄于小佘山。

堇菜科 Violaceae

紫花堇菜 *Viola grypoceras* A. Gray

多年生草本。地上茎数条。叶片心形，边缘具钝锯齿，两面无毛；基生叶叶柄长达8cm，茎生叶叶柄较短。花淡紫色；花梗自茎基部或茎生叶的叶腋抽出；花瓣倒卵状长圆形，有褐色腺点。蒴果椭圆形，密生褐色腺点。花期4～5月，果期6～8月。东、西佘山和小昆山有分布。

紫花地丁 *Viola philippica* Cav.

别名：地丁草。多年生草本，无地上茎。叶莲座状，叶片狭卵形至长圆状卵形，先端圆钝，基部截形或楔形，边缘具较平的圆齿，两面无毛或被细短毛。花紫堇色或淡紫色，稀呈白色；花梗多数，细弱；花瓣倒卵形；距细管状，末端圆。蒴果长圆形，无毛。花、果期4～6月。天马山有分布。

胡颓子科 Elaeagnaceae

佘山羊奶子 *Elaeagnus argyi* H. Lév.

别名：佘山胡颓子。半常绿直立灌木。高2～3m，通常具刺。幼枝淡黄绿色，密被淡黄白色鳞片。叶椭圆形或矩圆形，大小不等，发于春季的为小型叶，发于秋季的为大型叶，叶下面被白色鳞片。花常5～7朵簇生于新枝基部成伞形总状花序，花枝花后发育成枝叶。果实倒卵状矩圆形，幼时被银白色鳞片，成熟时红色。花期9～10月，果期4～5月。西佘山、天马山有分布。本种模式标本采自松江区。图片摄于西佘山。

胡颓子 *Elaeagnus pungens* Thunb.

常绿直立灌木，具刺。幼枝微扁棱形，密被锈色鳞片。叶互生，革质，椭圆形，边缘微反卷或皱波状，上面具光泽，下面密被银白色和少数褐色鳞片。花白色，下垂。果椭圆形，成熟时红色。花期 9 ~ 12 月，果期翌年 4 ~ 6 月。各山均有分布。图片摄于东佘山。

牛奶子 *Elaeagnus umbellata* Thunb.

落叶直立灌木。幼枝密被银白色和少数黄褐色鳞片。叶纸质或膜质，椭圆形至卵状椭圆形，边缘全缘或皱卷至波状，下面密被银白色和散生少数褐色鳞片；叶柄白色。花较叶先开放，黄白色。果实球形或卵圆形，成熟时红色。花期4 ~ 5月，果期7 ~ 8月。图片摄于薛山。

山茱萸科 Cornaceae

八角枫 *Alangium chinense* (Lour.)Harms

落叶乔木或灌木。叶互生，纸质，近圆形至卵形，顶端短锐尖或钝尖，基部两侧常不对称，不分裂或 3 ~ 7 裂，除下面脉腋有丛状毛外，其余部分近无毛。聚伞花序腋生，花初为白色，后变黄色。核果卵圆形，成熟后黑色。花期 6 月，果期 8 ~ 9 月。天马山、钟贾山、横山有分布。

山茱萸 *Cornus officinalis* Siebold & Zucc.

落叶乔木或灌木。高 4 ~ 10m，树皮灰褐色。小枝细圆柱形，无毛或稀被贴生短柔毛；叶对生，纸质，卵状披针形或卵状椭圆形，长 5.5 ~ 10cm，宽 2.5 ~ 4.5cm，先端渐尖，基部宽楔形或近于圆形，全缘，上面绿色，无毛，下面浅绿色，中脉在上面明显，下面凸起，近于无毛，侧脉 6 ~ 7 对，弓形内弯；叶柄细圆柱形，长 0.6 ~ 1.2cm，上面有浅沟，下面圆形，稍被贴生疏柔毛。伞形花序生于枝侧，有总苞片 4。核果长椭圆形。图片摄于天马山。

五加科 Araliaceae

细柱五加 *Eleutherococcus nodiflorus* (Dunn) S.Y. Hu

别名：五加。灌木。枝软弱而下垂，蔓生状，无毛，节上通常疏生扁刺。掌状复叶互生，有小叶 5 枚；小叶片倒卵形至倒披针形，两面无毛或沿脉疏生刚毛。伞形花序单个生于叶腋，或顶生在短枝上；花黄绿色。果实扁球形，黑色。花期 4 ~ 8 月，果期 6 ~ 10 月。东、西佘山，天马山，横山和薛山有分布。图片摄于天马山。

常春藤 *Hedera nepalensis* var. *sinensis* (Tobl.) Rehd.

常绿攀缘灌木。全株供药用，叶供观赏用，含鞣酸。茎灰棕色或黑棕色，有气生根。叶片革质，在不育枝上通常为三角状卵形至箭形，先端渐尖，基部截形，边缘全缘或 3 裂，花枝上的叶片通常为椭圆状卵形，略歪斜而带菱形，先端渐尖，基部楔形至圆形。伞形花序单个顶生或数个总状排列或伞房状排列成圆锥花序，花淡黄白色或淡绿白色，花瓣 5。果实球形，红色或黄色。图片摄于西佘山。

伞形科 Apiaceae

峨参 *Anthriscus sylvestris* (L.) Hoffm.

二年或多年生草本。茎多分枝。叶片轮廓呈卵形，二回羽状分裂，末回裂片卵形或椭圆状卵形，有粗锯齿。复伞形花序，伞辐 4 ~ 15，不等长；花白色。果实长卵形至线状长圆形，果柄顶端常有一圈白色小刚毛。花、果期 4 ~ 5 月。西佘山和机山有分布。图片摄于机山。

明党参 *Changium smyrnioides* H.Wolff

多年生草本。主根纺锤形或长索形，长 5 ~ 20cm，表面棕褐色或淡黄色，内部白色。茎直立，有分枝，枝疏散而开展，侧枝通常互生，侧枝上的小枝互生或对生。基生叶少数至多数，有长柄，柄长 3 ~ 15cm；叶片三出式 2 ~ 3 回羽状全裂。复伞形花序顶生或侧生；果实圆卵形至卵状长圆形，长 2 ~ 3mm，果棱不明显。花期 4 月。图片摄于西佘山。

窃衣 *Torilis scabra* (Thunb.) DC.

一年或多年生草本，有纵条纹及刺毛。叶片长卵形，1 ~ 2 回羽状分裂，两面疏生紧贴的粗毛。复伞形花序顶生或腋生，花序梗有倒生的刺毛；伞辐 2 ~ 4，有纵棱及向上紧贴的粗毛；花瓣白色、紫红色或蓝紫色。果实长圆形，通常有内弯或呈钩状的皮刺。花、果期 4 ~ 10 月。西佘山、薛山有分布。图片摄于西佘山。

报春花科 Primulaceae

紫金牛 *Ardisia japonica* (Thunb.) Blume

小灌木或亚灌木。具根茎，直立茎长 10 ~ 30cm，不分枝。叶对生或近轮生，叶片近革质，椭圆形至椭圆状倒卵形，边缘具细锯齿，多少具腺点。亚伞形花序腋生，花瓣粉红色或白色。果球形，鲜红色转黑色。花期 5 ~ 6 月，果期 11 ~ 12 月。天马山有分布。

柿树科 Ebenaceae

野柿 *Diospyros kaki* var. *silvestris* Makino

落叶大乔木。小枝及叶柄常密被黄褐色柔毛。叶互生，纸质，卵状椭圆形至近圆形，上面有光泽。雌雄异株，聚伞花序腋生，花冠淡黄白色。浆果球形至扁球形，黄色至橙红色。花期5～6月，果期9～10月。东、西佘山有分布。

山矾科 Symplocaceae

日本白檀 *Symplocos paniculata* (Thunb.) Miq.

落叶灌木或小乔木。嫩枝有灰白色柔毛。叶互生，膜质或薄纸质，阔倒卵形至卵形，边缘有细尖锯齿，叶背通常有柔毛。圆锥花序，花冠白色，5深裂几达基部。核果成熟时蓝色，卵状球形，稍偏斜，顶端宿萼裂片直立。花期5～6月，果期9月。各山均有分布。图片摄于西佘山。

木樨科 Oleaceae

女贞 *Ligustrum lucidum* W. T. Aiton

常绿灌木或乔木。枝圆柱形，疏生圆形皮孔。叶对生，叶片革质，卵形至椭圆形，全缘，两面无毛。圆锥花序顶生，花冠白色。核果近肾形，成熟时呈红黑色，被白粉。花期 5 ~ 7 月，果期 11 月至翌年 2 月。各山均有分布。

小蜡 *Ligustrum sinense* Lour.

落叶灌木或小乔木。小枝圆柱形，幼时被短柔毛。叶对生，叶片纸质或薄革质，卵形至长圆状椭圆形，下面常沿中脉被短柔毛。圆锥花序顶生或腋生；花序轴被柔毛以至近无毛；花冠白色。核果近球形。花期 3 ~ 6 月，果期 9 ~ 12 月。各山均有分布。

木樨 *Osmanthus fragrans* (Thunb.) Lour.

别名：桂花。常绿乔木或灌木。树皮灰褐色。小枝黄褐色。叶对生，叶片革质，椭圆形，全缘或通常上半部具细锯齿，两面无毛。聚伞花序簇生于叶腋；花梗细弱；花极芳香；花冠黄白色、黄色至橘红色。核果歪斜，椭圆形，呈紫黑色。花期 9 月至 10 月上旬，果期翌年 3 月。

长筒白丁香 *Syringa oblata* ‘Chang Tong Bai’

落叶灌木或小乔木。叶对生，单叶，稀复叶，全缘，具叶柄。花两性，聚伞花序排列成圆锥花序，顶生或侧生；具花梗或无花梗；花萼小，钟状，具 4 齿或为不规则齿裂，或近截形，宿存；花冠漏斗状，裂片 4 枚，开展或近直立，花蕾时呈镊合状排列。果为蒴果；种子扁平，有翅。图片摄于小昆山。

夹竹桃科 Apocynaceae

萝藦 *Cynanchum rostellatum* (Turcz.) Liede & Khanum

多年生草质藤本。具乳汁，茎幼时密被短柔毛。叶对生，膜质，卵状心形，两面无毛。总状聚伞花序腋生，花冠白色，有淡紫红色斑纹，内面被柔毛。蓇葖果单生，纺锤形，平滑无毛。花期 6 ~ 8 月，果期 9 ~ 11 月。图片摄于东佘山。

络石 *Trachelospermum jasminoides* (Lindl.) Lem.

木质藤本。幼枝被黄色柔毛。叶对生，革质，卵圆形，下面有柔毛。聚伞花序顶生或腋生，总花梗柔毛，花白色。蓇葖果双生，线状披针形。花期 5 ~ 6 月，果期 10 ~ 11 月。图片摄于横山。

旋花科 Convolvulaceae

打碗花

Calystegia hederacea Wall.

多年生缠绕草本。全体无毛。叶互生，三角状卵形或宽卵形，基部戟形或心形，全缘或基部具 2 ~ 3 个大齿缺的裂片。花单生叶腋；花梗通常稍长于叶柄；花冠白色至淡紫红色，漏斗状。蒴果卵形，被增大宿存的苞片和萼片所包被。花期 5 ~ 10 月，果期 8 ~ 11 月。各山均有分布。图片摄于西佘山。

紫草科 Boraginaceae

柔弱斑种草 *Bothriospermum zeylanicum* (J.Jacq.) Druce

一年生草本。茎细弱，被向上贴伏的糙伏毛。叶互生，椭圆形，两面被贴伏的糙伏毛或短硬毛。花序柔弱，花冠蓝色或淡蓝色。小坚果肾形。花、果期 2 ~ 10 月。各山均有分布。图片摄于东佘山。

厚壳树 *Ehretia acuminata* R. Brown

落叶乔木。具条裂的灰褐色树皮。叶互生，椭圆形至倒卵形，边缘有整齐的锯齿。聚伞花序圆锥状；花多数，密集，小形，芳香；花冠钟状，白色。核果黄色或橘黄色。花期 5 ~ 6 月，果期 6 ~ 8 月。钟贾山、辰山有栽培。图片摄于辰山。

梓木草 *Lithospermum zollingeri* A. DC.

多年生匍匐草本。叶互生，叶片倒披针形或匙形，两面都有短糙伏毛；基生叶有短柄，茎生叶近无柄。花单生于新枝上部的叶腋；花冠蓝色或蓝紫色，外面稍有毛。小坚果斜卵球形。花、果期 5 ~ 8 月。西佘山、天马山有分布。图片摄于天马山。

附地菜 *Trigonotis peduncularis* (Trev.) Benth. ex Bak. & S. Moore

一年或二年生草本。茎基部多分枝，被短糙伏毛。基生叶呈莲座状，有叶柄，叶片匙形，茎上部叶椭圆形，无叶柄或具短柄。花序生茎顶，幼时卷曲，后渐次伸长，通常占全茎的 1/2 ~ 4/5；花冠淡蓝色或粉色。小坚果 4，斜三棱锥状四面体形。花期 4 ~ 6 月，果期 5 ~ 7 月。各山均有分布。图片摄于西佘山。

唇形科 Lamiaceae

金疮小草 *Ajuga decumbens* Thunb.

别名：筋骨草。一年或二年生草本。全株被白色长柔毛。叶对生，基生叶较茎生叶长而大，叶柄具狭翅；叶片匙形或倒卵状披针形，基部下延，边缘具不整齐波状圆齿或几全缘。轮伞花序多花，排列成穗状花序；花冠淡蓝色或淡红紫色至白色。小坚果倒卵状三棱形。花期 3 ~ 5 月，果期 6 ~ 7 月。各山均有分布。图片摄于凤凰山。

大青 *Clerodendrum cyrtophyllum* Turcz.

灌木或小乔木。幼枝被短柔毛，枝黄褐色，髓坚实。叶对生，叶片纸质，椭圆形，通常全缘，两面无毛或沿脉疏生短柔毛。伞房状聚伞花序顶生；花冠白色，外面疏生细毛和腺点，花冠管细长，顶端 5 裂，裂片卵形。果实球形，成熟时蓝紫色，被红色的宿萼所托。花期 7～8 月，果期 8～9 月。图片摄于天马山。

海州常山 *Clerodendrum trichotomum* Thunb.

灌木或小乔木。幼枝、叶柄、花序轴等多少被黄褐色柔毛。叶对生，叶片纸质，卵形，全缘或有时边缘具波状齿。伞房状聚伞花序顶生；花冠白色或带粉红色，花冠管细，顶端 5 裂。核果近球形，包藏于增大的宿萼内，成熟时外果皮蓝紫色。花期 6～9 月，果期 9～11 月。各山均有分布。图片摄于机山。

邻近风轮菜 *Clinopodium confine* (Hance) Kuntze

纤细草本。无毛或疏被微柔毛。叶对生，卵圆形，边缘自近基部以上具圆齿状锯齿，薄纸质，两面均无毛。轮伞花序通常多花密集，苞片叶状。花冠粉红至紫红色，稍超出花萼，外面包被微柔毛。小坚果卵球形。花期 4 ~ 6 月，果期 7 ~ 8 月。各山均有分布。

活血丹 *Glechoma longituba* (Nakai) Kupr.

别名：活血草。多年生草本。茎幼嫩部分被疏长柔毛。叶对生，心形或近肾形，边缘具圆齿，两面被疏粗伏毛或微柔毛。轮伞花序通常 2 朵花；花冠淡蓝色、蓝色至紫色，下唇具深色斑点。小坚果深褐色。花期 4 ~ 5 月，果期 5 ~ 6 月。各山均有分布。

宝盖草 *Lamium amplexicaule* L.

一年或二年生植物。茎高 10 ~ 30cm，几无毛，中空。叶对生，茎下部叶具长柄，上部叶无柄，叶片圆形或肾形，半抱茎，边缘具极深的圆齿，两面均疏生小糙伏毛。轮伞花序 6 ~ 10 朵花；花萼管状钟形，外面密被白色直伸的长柔毛；花冠紫红或粉红色。小坚果倒卵圆形，具 3 棱。花期 3 ~ 6 月，果期 4 ~ 8 月。各山均有分布。

野芝麻 *Lamium barbatum* Siebold & Zucc.

多年生植物。茎四棱形，几无毛。叶对生，卵圆形或心形，边缘有微内弯的牙齿状锯齿，两面均被短硬毛。轮伞花序 4 ~ 14 朵花，花冠白色或浅黄色。小坚果倒卵圆形，淡褐色。花期 3 ~ 5 月，果期 4 ~ 8 月。各山均有分布。图片摄于小昆山。

韩信草 *Scutellaria indica* L.

多年生草本。茎被微柔毛。叶草质至近坚纸质，卵圆形至椭圆形，边缘密生整齐圆齿，两面被微柔毛或糙伏毛。花对生，排列成偏向一侧的总状花序；花萼果时增大，盾片果时竖起，增大1倍；花冠蓝紫色，外疏被微柔毛。小坚果卵形。花期4～7月，果期7～9月。各山均有分布。图片摄于薛山。

牡荆 *Vitex negundo* var. *cannabifolia* (Siebold & Zucc.) Hand. - Mazz.

落叶灌木或小乔木。小枝四棱形，密生灰白色绒毛。叶对生，掌状复叶，小叶5枚，少有3枚；小叶片披针形，边缘有粗锯齿。圆锥花序顶生，花冠淡紫色，外有绒毛。果近球形，黑色。花期6～7月，果期8～11月。东佘山、天马山、横山、薛山、凤凰山和辰山有分布。图片摄于横山。

茄科 Solanaceae

枸杞 *Lycium chinense* Mill.

落叶小灌木。枝条细弱，有棘刺。叶纸质，单叶互生或 2 ~ 4 枚簇生，叶片卵形。花单生或 2 ~ 4 朵簇生于叶腋；花冠漏斗状，淡紫色。浆果红色，卵状。花期 5 ~ 9 月，果期 7 ~ 11 月。各山均有分布。图片摄于北竿山。

苦蘵 *Physalis angulata* L.

一年生草本。叶互生，卵形至卵状椭圆形，全缘或有不等大的锯齿，两面近无毛。花单生叶腋，花萼钟状，花冠淡黄色，喉部常有紫色斑纹。果期萼膨大，卵球状，包围浆果。花、果期 5 ~ 12 月。西佘山有分布。

白英 *Solanum lyratum* Thunb.

草质藤本。茎及小枝均密被具节长柔毛。叶互生，多数为琴形，常 3 ~ 5 深裂，裂片全缘，中裂片较大，通常卵形。聚伞花序顶生或腋外生，疏花，花冠蓝紫色或白色。浆果球状，成熟时红黑色。花期 7 ~ 8 月，果期 10 ~ 11 月。各山均有分布。

龙葵 *Solanum nigrum* L.

一年生直立草本。叶互生，卵形，全缘或具不规则的波状粗齿。蝎尾状花序腋外生，由 3 ~ 6 朵花组成，花冠白色。浆果球形，成熟时黑色。花、果期 6 ~ 11 月。各山均有分布。图片摄于东佘山。

通泉草科 Mazaceae

通泉草 *Mazus pumilus* (Burm. f.) Steenis

一年生草本。叶互生，倒长卵形至匙形，基部下延成狭翅，边缘有不规则的粗钝锯齿。总状花序顶生，花冠淡紫色，上唇直立，2 裂，下唇 3 裂。蒴果球形，无毛，稍露出萼外。花期 4 ~ 9 月，果期 5 ~ 10 月。各山均有分布。

爵床科 Acanthaceae

爵床 *Justicia procumbens* L.

一年生草本。茎通常有短硬毛。叶对生，椭圆形，两面常被短硬毛。穗状花序顶生或生上部叶腋；苞片 1 枚，小苞片 2 枚，均披针形，有缘毛；花冠粉红色，2 唇形，下唇 3 浅裂。蒴果，上部具 4 粒种子，下部实心似柄状。花期 7 ~ 10 月，果期 8 ~ 11 月。各山均有分布。

九头狮子草 *Peristrophe japonica* (Thunb.)Bremek.

多年生草本。叶对生，卵状矩圆形。花序顶生或腋生于上部叶腋，由2～8枚聚伞花序组成，每个聚伞花序下托以2枚总苞状苞片，一大一小，卵形，内有1至少数花；花冠粉红色至微紫色，2唇形。蒴果疏生短柔毛。花期8～9月，果期9～10月。图片摄于西佘山。

车前科 Plantaginaceae

车前 *Plantago asiatica* L.

二年或多年生草本。须根多数。叶基生，薄纸质或纸质，宽卵形至宽椭圆形，基部下延，边缘波状、全缘或中部以下有锯齿或裂齿。穗状花序数个，花序梗有纵条纹，花冠白色。蒴果纺锤状卵形。花期4～8月，果期6～9月。各山均有分布。图片摄于东佘山。

直立婆婆纳 *Veronica arvensis* L.

一年或二年生小草本。茎有2列多细胞白色长柔毛。叶对生，卵形至卵圆形，边缘具圆或钝齿，两面被硬毛。总状花序长而多花，苞片叶状，花梗极短，花冠蓝紫色或蓝色。蒴果倒心形，强烈侧扁，宿存的花柱不伸出凹口。花期4～6月，果期5～8月。东、西佘山，横山有分布。图片摄于横山。

阿拉伯婆婆纳 *Veronica persica* Poir.

别名：波斯婆婆纳。一年或二年生草本。茎密生2列多细胞柔毛。叶对生，卵形或圆形，边缘具钝齿，两面疏生柔毛。总状花序很长，苞片与叶同形，花冠蓝色、紫色或蓝紫色。蒴果肾形，宿存的花柱超出凹口。花期3～5月，果期4～7月。各山均有分布。

茜草科 Rubiaceae

拉拉藤 *Galium spurium* L.

别名：猪殃殃。多枝、蔓生或攀缘状草本。茎有 4 棱角，棱上、叶缘、叶脉上均有倒生的小刺毛。叶纸质或近膜质，6 ~ 8 片轮生，长圆状倒披针形，近无柄。聚伞花序腋生或顶生，少至多花，花小，花冠黄绿色或白色。果干燥，密被钩毛。花期 3 ~ 7 月，果期 4 ~ 11 月。 各山均有分布。图片摄于西佘山。

鸡屎藤 *Paederia foetida* L.

草质缠绕藤本。茎无毛。叶对生，纸质或近革质，卵形至卵状长圆形。圆锥状聚伞花序，腋生和顶生；萼裂片 5，三角形；花冠浅紫色。果球形，黄色，有光泽。花期 8 ~ 9 月，果期 10 ~ 11 月。各山均有分布。图片摄于东佘山。

东南茜草 *Rubia argyi* (H.Lév. & Vaniot) H. Hara & L. Lauener & D. K. Ferguson

多年生攀缘草本。茎具4棱，棱上有倒生钩状皮刺，无毛。叶4～6片轮生，叶片纸质，卵状心形，边缘和叶背面的基出脉上通常有短皮刺，两面粗糙。圆锥状聚伞花序，顶生和腋生，花冠白色。浆果近球形，黑色。花、果期6～10月。东、西佘山，天马山，横山和辰山有分布。图片摄于西佘山。

白马骨 *Serissa serissoides* (DC.)Druce

半常绿小灌木。嫩枝被微柔毛。叶通常丛生，薄纸质，倒卵形或倒披针形，下面被疏毛。花无梗，顶生或腋生；苞片长渐尖；萼裂片5，坚挺延伸呈披针状锥形；花冠白色。核果球形。花期7～8月，果期9～10月。东、西佘山，天马山，横山和机山有分布。

葫芦科 Cucurbitaceae

南赤爬 *Thladiantha nudiflora* Hemsl. ex Forbes et Hemsl.

多年生草质攀缘植物。全体密生柔毛状硬毛。叶片质稍硬，卵状心形，边缘具细锯齿。雌雄异株，花冠黄色，雄花为总状花序，雌花单生。果长圆形，红色。花期6～8月，果期9～10月。天马山有分布。

马爬儿 *Zehneria japonica* (Thunb.) H. Y. Liu

一年生草质攀缘植物。无毛。叶片膜质，三角状卵形至心形，边缘微波状或有疏齿，有时3～5浅裂。雌雄同株，花冠白色，雌花与雄花在同一叶腋内单生或稀双生。果实长圆形或狭卵形，橘红色或红色。花、果期8～10月。除钟贾山、凤凰山外，各山均有分布。

桔梗科 Campanulaceae

半边莲 *Lobelia chinensis* Lour.

多年生草本。茎细弱，节上生根，无毛。叶互生，近无柄，椭圆状披针形至条形，全缘或顶部有明显的锯齿，无毛。花单生于上部叶腋，花冠粉红色或白色，裂片全部平展于下方，呈一个平面。蒴果倒锥状。花、果期 5 ~ 10 月。凤凰山有分布。

菊科 Asteraceae

三脉紫菀 *Aster ageratoides* Turcz.

多年生草本。被柔毛或粗毛。叶互生，长圆状披针形，边缘有锯齿，两面被短糙毛，通常有离基三出脉。头状花序排列成伞房状，总苞片 3 层，线状长圆形，紫色，浅红色或白色，盘花黄色。瘦果倒卵状长圆形，灰褐色。花、果期 6 ~ 8 月。各山均有分布。

马兰 *Aster indicus* L.

多年生草本。有根状茎。叶互生，近无毛，倒披针形或倒卵状矩圆形，边缘有锯齿或羽状裂片，上部叶小，全缘。头状花序单生于枝端，总苞片 2～3 层，边缘膜质，有缘毛；缘花 1 层，浅紫色，盘花黄色。瘦果倒卵状矩圆形，极扁。花期 7～9 月，果期 9～10 月。各山均有分布。

金盏银盘 *Bidens bipinnata* (Lour.) Merr. & Sherff

一年生草本。茎直立，无毛或被稀疏卷曲短柔毛。一回羽状复叶，小叶卵形至卵状披针形，边缘具锯齿。头状花序，外层总苞片草质，线形，内层长椭圆形至长圆状披针形；淡黄色舌状花不育或缺，先端 3 齿裂；盘花筒状 5 齿裂。瘦果线形，熟时黑色，具 4 棱，顶端芒刺 3～4，具倒刺毛。花期 9～11 月。各山均有分布。

天名精 *Carpesium abrotanoides* L.

多年生粗壮草本。被短柔毛。叶互生，长椭圆形，两面被短柔毛，边缘具不规整的钝齿，齿端有腺体状胼胝体；叶柄长 5 ~ 15mm，往上渐短。头状花序腋生，近无梗，成穗状花序式排列；苞片 3 层，外层较短，卵圆形，内层长圆形。花、果期 7 ~ 10 月。各山均有分布。

刺儿菜 *Cirsium arvense* var. *integrifolium* Wimm. & Grabowski

别名：小蓟。多年生草本。茎无毛或有薄绒毛。叶互生，基生叶和中部茎叶椭圆形，上部茎叶渐小，全缘或有疏齿，叶缘有细密的针刺或有刺齿，两面无毛或被薄绒毛。头状花序单生茎端，排成伞房状；总苞片约 6 层，向内层渐长，小花紫红色或白色。瘦果淡黄色，扁椭圆形。花、果期 4 ~ 7 月。天马山、机山、横山有分布。

小蓬草 *Erigeron canadensis* L.

一年生草本。茎直立，被疏长硬毛。叶互生，下部叶倒披针形，基部渐狭成柄，边缘具疏锯齿或全缘；中部和上部叶较小，线状披针形或线形，近无柄，边缘常被上弯的硬缘毛。头状花序小，排列成顶生的大圆锥花序；缘花多数，白色；盘花淡黄色。瘦果线状披针形。花、果期 7～9 月。东、西佘山，天马山和横山有分布。

野菊 *Chrysanthemum indicum* L.

多年生草本。茎被稀疏毛。叶互生，中部茎叶卵形，基部截形，羽状半裂，裂片边缘分裂或有锯齿，有短柔毛。头状花序在茎顶排成伞房状，总苞片约 5 层，外层卵形或卵状三角形，向内渐长；缘花舌状，黄色。花、果期7～12月。各山均有分布。图片摄于机山。

鳢肠 *Eclipta prostrata* (L.) L.

别名：墨旱莲。一年生草本。茎被贴生糙毛。叶对生，长圆状披针，近无柄，边缘有细锯齿或有时仅波状，两面被密硬糙毛。头状花序有细花序梗，总苞球状钟形，绿色；缘花2层，盘花多数，白色。瘦果暗褐色。花、果期7～11月。东佘山、天马山和机山有分布。

一年蓬 *Erigeron annuus* (L.) Pers.

一年或二年生草本。茎直立，被长硬毛。叶互生，长圆形或宽卵形，基部狭成具翅的柄，边缘具粗齿，上部叶较小，近全缘，两面被疏短硬毛。头状花序排列成疏圆锥花序，总苞半球形；缘花2层，白色，线形；盘花黄色。瘦果披针形，扁压。花、果期5～8月。各山均有分布。图片摄于薛山。

泥胡菜 *Hemistepta lyrata* (Bunge) Fischer & C. A. Meyer

一年生草本。茎被稀疏蛛丝毛。叶互生，长椭圆形或倒披针形，大头羽状深裂至全裂，侧裂片 2 ~ 6 对，边有锯齿，下灰白色，被绒毛。头状花序成伞房状，总苞片 5 ~ 8 层，外层及中层近顶端有紫红色鸡冠状突起；花全为两性花，紫色或红色。花、果期 4 ~ 8 月。各山均有分布。图片摄于钟贾山。

翅果菊 *Lactuca indica* L.

多年生草本。无毛。叶轮廓为长椭圆形，羽状深裂，基部抱茎，裂片边缘缺刻状或锯齿状针刺，下面粉白色。头状花序在茎顶端排成圆锥状，总苞片 4 ~ 5 层；花全为舌状花，黄色。瘦果椭圆形，压扁。花、果期 7 ~ 10 月。机山有分布。

鼠曲草 *Pseudognaphalium affine* (D. Don) Anderberg

一年生草本。茎被白色厚绵毛。叶互生，无柄，匙状倒披针形或倒卵状匙形，顶端圆，具刺尖头，两面被白色绵毛。头状花序在枝顶密集成伞房状，花黄色至淡黄色。花、果期 3 ~ 6 月。各山均有分布。图片摄于薛山。

加拿大一枝黄花

Solidago canadensis L.

多年生草本。有长根状茎。叶互生，披针形或线状披针形，边缘有锐锯齿，上部叶近全缘。头状花序很小，在花序分枝上单面着生呈蝎尾状，再形成开展的圆锥状花序；总苞钟状，总苞片 2 层；花黄色。瘦果圆柱形，近无毛。花、果期 6 ~ 10 月。恶性入侵植物，各山均有零星分布。

钻叶紫菀 *Symphyotrichum subulatum* (Michx.) G. L. Nesom

一年生草本。无毛。叶互生，倒披针形至线状披针形，全缘，无柄，上部叶渐狭成线状。头状花序排成圆锥状，总苞钟状；缘花细狭，红色；盘花多数，短于冠毛。瘦果略有毛。花、果期 9 ~ 11 月。入侵植物，各山均有分布。

蒲公英 *Taraxacum mongolicum* Hand. - Mazz.

别名：黄花郎。多年生草本。叶基生，倒卵状披针形，边缘具波状齿或羽状深裂至大头羽状深裂，裂片三角形，通常具齿，疏被蛛丝状白色柔毛或几无毛。花莛 1 至数个，密被蛛丝状白色长柔毛，总苞片 2 ~ 3 层；花全部舌状，黄色。瘦果倒卵状披针形，暗褐色。花、果期 4 ~ 9 月。各山均有分布。

苍耳 *Xanthium strumarium* L.

一年生草本。茎被灰白色糙伏毛。叶互生，边缘有 3 ~ 5 不明显浅裂，两面被糙伏毛。头状花序单性同株，雄花序球形，密集枝；雌花序椭圆形，生于叶腋；外层总苞片 2 ~ 3 层，内层总苞片结合成囊状，在瘦果成熟时变坚硬，外面有疏生的具钩状的刺。花、果期 7 ~ 10 月。横山有分布。

黄鹌菜 *Youngia japonica* (L.) DC.

一年或二年生草本。基生叶轮廓为倒披针形至长椭圆形，大头羽状深裂或全裂，侧裂片 3 ~ 7 对，裂片边缘有锯齿或边缘有小尖头。头状花序在茎枝顶端排成伞房花序，总苞片 4 层，外层极短；花全为舌状，黄色。瘦果纺锤形，压扁。花、果期 4 ~ 10 月。各山均有分布。

禾本科 Poaceae

竹亚科 Bambusoideae

黄金间碧竹 *Bambusa vulgaris* f. *vittata* (Riviere & C. Riviere) T. P. Yi

秆黄色，节间正常，但具宽窄不等的绿色纵条纹，箨鞘在新鲜时为绿色且具宽窄不等的黄色纵条纹。图片摄于天马山。

毛竹 *Phyllostachys edulis* (Carrière) J. Houzeau

别名：楠竹。秆高达 20 余米，幼秆密被细柔毛及厚白粉，老秆无毛，在粗壮竹秆各节仅有一环。末级小枝具 2 ~ 4 片叶；叶耳不明显，有脱落性的鞘口縫毛；叶舌隆起；叶片披针形，长 4 ~ 11cm，下面在沿中脉基部具柔毛。笋期 4 月，花期 5 ~ 8 月。各山均有大量栽培。图片摄于天马山。

箬竹 *Indocalamus tessellatus* (Munro) P. C. Keng

秆箨长于节间，被棕色刺毛，边缘有棕色纤毛；无箨耳和繸毛，或具少数繸毛；箨叶披针形或线状披针形，长达 5cm，不抱茎，易脱落。每小枝具 2 ~ 4 片叶；叶鞘无毛，无叶耳和繸毛；叶椭圆状披针形，长 40 ~ 50cm，宽 7 ~ 11cm，下面沿中脉一侧有一行细毛，余无毛，侧脉 15 ~ 17 对，网脉甚明显；叶柄长约 1cm，上面有柔毛。花序、小穗及小穗柄被柔毛。图片摄于西佘山。

鹅毛竹 *Shibataea chinensis* Nakai

秆直立，高 1m，直径 2 ~ 3mm，节间在接近分枝的一侧具沟槽；秆环甚隆起；秆每节分 3 ~ 5 枝，每枝仅具 1 叶。叶鞘厚纸质，光滑无毛；叶耳及鞘口繸毛俱缺；叶舌膜质，密被短毛；叶片纸质，卵状披针形，长 6 ~ 10cm，基部两侧不对称，两面无毛，小横脉明显，叶缘有小锯齿。笋期 5 ~ 6 月。西佘山、横山有分布。本种模式标本采自松江区。

禾亚科 Pooideae

野燕麦 *Avena fatua* L.

一年生草本。秆高 60 ~ 120cm，光滑无毛。叶鞘松弛；叶舌透明膜质，长 1 ~ 5mm；叶片扁平，长 10 ~ 30cm，微粗糙。圆锥花序开展，10 ~ 25cm；小穗长 18 ~ 25mm，含 2 ~ 3 朵小花，其柄弯曲下垂；小穗轴密生淡棕色或白色硬毛，芒长 2 ~ 4cm，相邻两节不在一条直线上，芒柱棕色，扭转。颖果长 6 ~ 8mm。花、果期 4 ~ 9 月。横山、机山有分布。

野青茅 *Deyeuxia pyramidalis* (Host) Veldkamp

多年生草本。秆丛生，基部具被鳞片的芽，高 50 ~ 60cm，平滑。叶鞘密生短毛；叶舌膜质，长 2 ~ 3mm，顶端常撕裂；叶片扁平或边缘内卷，长 5 ~ 25cm，两面粗糙，下面疏生短毛。圆锥花序长约 25cm；小穗长约 5mm，草黄色或带紫色，长 7 ~ 8mm，近中部相邻两节不在一条直线上，芒柱扭转。花、果期 6 ~ 9 月。天马山有分布。

马唐 *Digitaria sanguinalis* (L.) Scop.

一年生草本。秆直立或下部倾斜，膝曲上升，高 10 ~ 80cm，直径 2 ~ 3mm，无毛或节生柔毛。叶鞘短于节间，无毛或散生疣基柔毛；叶片线状披针形，基部圆形，边缘较厚，微粗糙，具柔毛或无毛。总状花序，4 ~ 12 枚成指状着生于长主轴上；穗轴直伸或开展，两侧具宽翼；小穗椭圆状披针形。花、果期 6 ~ 9 月。图片摄于西佘山。

稗 *Echinochloa crus-galli* (L.) P. Beauv.

一年生草本。秆高 50 ~ 150cm。叶鞘疏松裹秆，无毛；叶舌缺；叶片扁平，线形，长 10 ~ 40cm，无毛，边缘粗糙。圆锥花序近尖塔形，长 6 ~ 20cm；穗轴粗糙或生疣基长刺毛；小穗卵形，长 3 ~ 4mm，脉上密被疣基刺毛，芒粗壮，密集在穗轴的一侧。花、果期为夏秋季。各山均有分布。

棒头草 *Polypogon fugax* Nees ex Steud.

一年生草本。秆丛生，高10～75cm。叶鞘无毛；叶舌膜质，长3～8mm，常2裂或具不整齐的裂齿；叶片扁平，微粗糙，长2.5～15cm。圆锥花序穗状，长圆形或卵形，较疏松；小穗长约2.5mm，灰绿色；有1朵小花，小穗有关节；芒长2mm，易脱落。颖果椭圆形，一面扁平，长约1mm。花、果期4～7月。各山均有分布。

莩草 *Setaria chondrachne* (Steud.) Honda

多年生。秆直立或基部匍匐，高60～170cm，基部质地较硬，光滑或鞘节处可密生有毛。叶鞘除边缘及鞘口具白色长纤毛外，余均无毛或极少数疏生疣基毛；叶舌极短，叶片扁平，线状披针形或线形，先端渐尖，基部圆形，两面无毛，表面常粗糙。圆锥花序长圆状披针形、圆锥形或线形，主轴具角棱，其上具短毛和极疏长柔毛，毛在分枝处较密，分枝斜向上举，花柱基部联合。花期8～10月。图片摄于北山。

莎草科 Cyperaceae

砖子苗 *Cyperus cyperoides* (L.) Kuntze

一年生草本。秆通常较粗壮。长侧枝聚伞花序近于复出；辐射枝较长，最长达 14cm，每辐射枝具 1 ~ 5 个穗状花序，部分穗状花序基部具小苞片，顶生穗状花序一般长于侧生穗状花序；穗状花序狭，宽常不及 5mm，无总花梗或具很短总花梗；小穗较小，长约 3mm；鳞片黄绿色。花、果期 5 ~ 6 月。图片摄于东佘山。

香附子 *Cyperus rotundus* L.

多年生草本，具椭圆形块茎。秆锐三棱形，平滑。叶多，短于秆；鞘棕色，常裂成纤维状。叶状苞片 2 ~ 3(5) 枚，常长于花序；长侧枝聚伞花序，具 3 ~ 10 个辐射枝；穗状花序具 3 ~ 10 个小穗；小穗长 1 ~ 3cm；小穗轴具较宽的、白色透明的翅。小坚果长圆状倒卵形或三棱形。花、果期 5 ~ 11 月。图片摄于机山。

天南星科 Araceae

东亚魔芋 *Amorphophallus kiusianus* (Makino) Makino

别名：疏毛魔芋。块茎扁球形，直径 3 ~ 20cm。鳞叶 2，卵形，披针状卵形，有青紫色、淡红色斑块。叶柄长可达 1.5m，光滑，绿色，具白色斑块；叶片 3 裂，第一次裂片二歧分叉，最后羽状深裂，小裂片卵状长圆形，渐尖，长 6 ~ 10cm，宽 3 ~ 3.5cm。花序柄长 25 ~ 45cm，光滑，绿色，具白色斑块。模式标本采于上海。图片摄于小佘山。

天南星 *Arisaema heterophyllum* Blume

多年生草本。块茎扁球形，直径 2 ~ 4cm。叶常单一；叶片鸟足状分裂，裂片 13 ~ 19；倒披针形至长圆形，全缘，中裂片最短，为侧裂片的一半；侧裂片向外渐小，排列成蝎尾状。花序柄长 30 ~ 55cm。佛焰苞檐部卵形，下弯几成盔状，先端渐尖。浆果黄红色。花期 5 月，果期 6 月。西佘山、横山有分布。图片摄于横山。

半夏 *Pinellia ternata* (Thunb.) Ten. ex Breit.

多年生草本。叶1～5枚，有直径3～5mm的珠芽；幼苗为全缘单叶，叶片卵状心形至戟形；老株叶片3全裂，裂片长圆状椭圆形；全缘或具不明显的浅波状圆齿。花序柄长于叶柄。佛焰苞绿白色。浆果卵圆形，黄绿色。花期5～7月，果期8月。西佘山、横山、天马山和小昆山有分布。图片摄于天马山。

马兜铃科 Aristolochiaceae

细辛 *Asarum heterotropoides* F. Schmidt

多年生草本。叶卵状心形或近肾形，先端急尖或钝，基部心形，两侧裂片长3～4cm，宽4～5cm，顶端圆形，叶面在脉上有毛，有时被疏生短毛，叶背毛较密。花紫棕色，稀紫绿色。果半球状，长约10mm，直径约12mm。花期5月。图片摄于钟贾山。

鸭跖草科 Commelinaceae

鸭跖草 *Commelina communis* L.

一年生草本。茎匍匐生根，多分枝，下部无毛，上部被短毛。叶披针形至卵状披针形。总苞片佛焰苞状，折叠状，展开后为心形，边缘常有硬毛；聚伞花序；花瓣深蓝色；内面2枚具爪。蒴果椭圆形，2爿裂。花、果期6～10月。各山均有分布。图片摄于凤凰山。

三白草科 Saururaceae

蕺菜 *Houttuynia cordata* Thunb.

腥臭草本。叶薄纸质，有腺点，背面尤甚，卵形或阔卵形，顶端短渐尖，基部心形，两面有时除叶脉被毛外余均无毛，背面常呈紫红色。花序长约2cm，宽5～6mm；雄蕊长于子房，花丝长为花药的3倍。蒴果长2～3mm。花期4～7月。图片摄于钟贾山。

百部科 Stemonaceae

百部 *Stemona japonica* (Bl.) Miquel

多年生缠绕草本。茎上部攀缘状。叶2～4枚轮生，纸质或薄革质，卵形至卵长圆形。花序柄贴生于叶片中脉上，花单生或数朵排成聚伞状花序；花被片淡绿色，披针形，开放后反卷。蒴果扁卵形，赤褐色。花期5～6月，果期6～7月。西、东佘山，薛山有分布。图片摄于东佘山。

薯蓣科 Dioscoreaceae

薯蓣 *Dioscorea polystachya* Turcz.

别名：野山药。多年生缠绕草质藤本。块茎长圆柱形。叶片纸质，三角状披针形至宽卵心形，全缘，两面无毛；叶腋内有大小形状不等的珠芽。雌雄异株，总状花序1至数个着生于叶腋。蒴果有3翅，果翅长宽近相等。花期6～7月，果期8～10月。各山均有分布。

天门冬科 Asparagaceae

天门冬 *Asparagus cochinchinensis* (Lour.) Merr.

多年生攀缘植物。根近末端成纺锤状膨大。茎平滑，常弯曲或扭曲，分枝具棱或狭翅。叶状枝常每 3 枚成簇，扁平或略呈锐三棱形，稍成镰刀状。花通常每 2 朵腋生，淡绿色；花梗长 2 ~ 6mm，中部有关节。浆果红色。花期 5 月，果期 8 月。横山、钟贾山有分布。

山麦冬 *Liriope spicata* (Thunb) Lour.

多年生草本。根近末端处常膨大成椭圆形小块根。叶基部常包以褐色的叶鞘，边缘具细锯齿。花莛通常长于或等长于叶，总状花序；花常 3 ~ 5 朵簇生于苞片腋内。种子近球形，黑色。花期 6 ~ 8 月，果期 9 ~ 10 月。东、西佘山，天马山有分布。

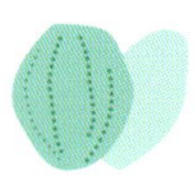

麦冬 *Ophiopogon japonicus* (L. f.) Ker Gawler

别名：沿阶草。多年生草本。根近末端常膨大成椭圆形的小块根。叶基生，边缘具细锯齿。花莛通常比叶短得多，总状花序；花单生或成对着生于苞片腋内；花被片披针形，白色或淡紫色。种子球形，暗蓝色。花期5～6月，果期8～9月。各山均有分布。

菝葜科 Smilacaceae

菝葜 *Smilax china* L.

落叶攀缘灌木。茎常疏生倒钩状刺。叶薄革质或坚纸质，圆形、卵形或椭圆形；叶柄长，每侧具宽0.5～1mm的鞘，几乎都有卷须。伞形花序生于叶尚幼嫩的小枝上，常呈球形；花绿黄色。浆果红色，有粉霜。花期4～5月，果期8～11月。天马山、薛山、凤凰山有分布。图片摄于凤凰山。

小果菝葜 *Smilax davidiana* A. DC.

落叶攀缘灌木。茎具疏生倒钩状刺。叶坚纸质，椭圆形；叶柄全长的 1/2 ~ 2/3 具鞘，有细卷须；鞘耳状，宽 2 ~ 4mm，明显比叶柄宽。伞形花序生于叶尚幼嫩的小枝上，具几朵至 10 余朵花，多少呈半球形；花绿黄色。浆果直径 5 ~ 7mm，暗红色。花期 4 ~ 5 月，果期 7 ~ 10 月。西佘山、薛山有分布。

石蒜科 Amaryllidaceae

换锦花 *Lycoris sprengeri* Comes ex Baker

多年生草本。鳞茎卵形。早春出叶。花茎高约 60cm；总苞片 2 枚；伞形花序有花 4 ~ 6 朵；花淡紫红色，花被裂片顶端常带蓝色，倒披针形；花被筒长 1 ~ 1.5cm，雄蕊与花被近等长；花柱略伸出于花被外。蒴果 3 棱，室背开裂。花期 8 ~ 9 月，果期 9 ~ 10 月。各山均有分布。图片摄于东佘山。

薤白 *Allium macrostemon* Bunge

别名：小根蒜。多年生草本。鳞茎近球状。叶3～5枚，半圆柱状，中空，上面具沟槽。花莛圆柱状，1/4～1/3被叶鞘，总苞2裂，比花序短；伞形花序半球状至球状，具多而密集的花，或间具珠芽；花淡紫色或淡红色；花被片矩圆状卵形，内轮的常较狭。花、果期5～7月。西佘山、横山和小昆山有分布。图片摄于横山。

中文名索引

A
阿拉伯婆婆纳 /93
凹叶景天 /39

B
八角枫 /74
菝葜 /117
白车轴草 /51
白杜 /64
白栎 /13
白马骨 /95
白英 /90
百部 /115
柏木 /4
稗 /109
斑地锦草 /58
半边莲 /97
半夏 /113
棒头草 /110
宝盖草 /87
薜荔 /16

C
苍耳 /105
糙叶树 /17
茶 /70
常春藤 /75
车前 /92
齿果酸模 /24
赤楠 /68
翅果菊 /102
臭椿 /55
臭荠 /36
垂盆草 /40
垂序商陆 /26
刺柏 /5
刺儿菜 /99
刺果毛茛 /30
丛枝蓼 /22
打碗花 /82

D
大青 /85
大叶榉树 /14
地锦 /69
东南茜草 /95
东亚魔芋 /112
冬青 /61
短毛金线草 /21

E
峨参 /76
鹅肠菜 /28
鹅毛竹 /107

F
枫香树 /38
枫杨 /11
扶芳藤 /63
莩草 /110
附地菜 /84

G
杠香藤 /59
高粱泡 /45
葛 /50
珙桐 /67
枸骨 /62
枸杞 /89
构 /15
贯众 /2

H
还亮草 /29
海金沙 /1
海州常山 /85
韩信草 /88
旱柳 /9
合欢 /46
何首乌 /23
红花酢浆草 /53
厚壳树 /83
胡颓子 /73
虎尾铁角蕨 /2
虎杖 /23
化香树 /10
换锦花 /118
黄鹌菜 /105
黄金间碧竹 /106
黄连木 /60
黄檀 /47
活血丹 /86

J
鸡屎藤 /94
鸡眼草 /48
蕺菜 /114
荠 /35
加拿大一枝黄花 /103
金疮小草 /84
金盏银盘 /98
井栏边草 /1
九头狮子草 /92
救荒野豌豆 /51
爵床 /91

K
扛板归 /22
刻叶紫堇 /37
苦蘵 /89
苦槠 /12
阔鳞鳞毛蕨 /3

L
拉拉藤 /94
榔榆 /13
藜 /24
鳢肠 /101
栗 /11
楝 /55
邻近风轮菜 /86
柳杉 /6
龙葵 /90
萝藦 /81
络石 /81
葎草 /19

M
麻栎 /12
马瓟儿 /96
马兰 /98
马唐 /109
麦冬 /117
猫乳 /66
猫爪草 /30
毛竹 /106
茅莓 /45
美丽胡枝子 /49
绵毛酸模叶蓼 /21
明党参 /76
牡荆 /88
木防己 /32
木荷 /71
木通 /32
木樨 /80

N
南赤瓟 /96
南蛇藤 /62
泥胡菜 /102
牛奶子 /73
牛膝 /25
女萎 /28
女贞 /79

P
蓬蘽 /44
蒲公英 /104
朴树 /18

Q
漆姑草 /27
荞麦 /20
窃衣 /77
青灰叶下珠 /57
球序卷耳 /27
雀梅藤 /66

R
日本白檀 /78
柔弱斑种草 /82
箬竹 /107

S
三角槭 /64
三脉紫菀 /97
桑 /17
山胡椒 /34
山麦冬 /116
山莓 /44
山茱萸 /74
杉木 /7
珊瑚朴 /18
佘山羊奶子 /72
蛇莓 /41
石楠 /42
鼠曲草 /103
薯蓣 /115
水杉 /6
水蛇麻 /15
丝穗金粟兰 /8
四籽野豌豆 /52
算盘子 /56
碎米荠 /35

T

唐松草 /31
天葵 /31
天门冬 /116
天名精 /99
天南星 /112
天竺桂 /33
铁马鞭 /50
铁苋菜 /57
通泉草 /91

W

瓦韦 /3
网络夏藤 /46
威灵仙 /29
卫矛 /63
蚊母树 /38
乌桕 /59
乌蔹莓 /69
无患子 /65

X

喜旱莲子草 /25
喜树 /67
细辛 /113
细柱五加 /75
香榧 /7
香附子 /111
小果菝葜 /118
小果蔷薇 /42
小花扁担杆 /70
小蜡 /79
小蓬草 /100
小叶冷水花 /20
薤白 /119

Y

鸭跖草 /114
盐麸木 /61
杨梅 /10
野大豆 /47
野花椒 /54
野菊 /100
野老鹳草 /54
野蔷薇 /43
野青茅 /108
野柿 /78
野燕麦 /108
野芝麻 /87
一年蓬 /101
异叶蛇葡萄 /68
银杏 /4
油桐 /60
榆树 /14
圆柏 /5

Z

泽漆 /58
柞木 /9
樟 /33
长柄山蚂蟥 /48
长筒白丁香 /80
掌叶覆盆子 /43
爪瓣景天 /40
柘 /16
直立婆婆纳 /93
枳椇 /65
中华胡枝子 /49
重瓣棣棠花 /41
重阳木 /56
舟山新木姜子 /34
珠芽景天 /39
诸葛菜 /36
竹柏 /8
苎麻 /19
砖子苗 /111
梓木草 /83
紫花地丁 /72
紫花堇菜 /71
紫金牛 /77
紫堇 /37
紫茉莉 /26
紫藤 /52
钻叶紫菀 /104
酢浆草 /53

学名索引

A

Acalypha australis L. /57

Acer buergerianum Miq. /64

Achyranthes bidentata Blume /25

Ailanthus altissima (Mill.) Swingle /55

Ajuga decumbens Thunb. /84

Akebia quinata (Houtt.) Decne. /32

Alangium chinense (Lour.) Harms /74

Albizia julibrissin Durazz. /46

Allium macrostemon Bunge /119

Alternanthera philoxeroides (Mart.) Griseb. /25

Amorphophallus kiusianus (Makino) Makino /112

Ampelopsis glandulosa var. *heterophylla* (Thunb.) Momiyama /68

Anthriscus sylvestris (L.) Hoffm. /76

Aphananthe aspera (Thunb.) Planch. /17

Ardisia japonica (Thunb.) Blume /77

Arisaema heterophyllum Blume /112

Asarum heterotropoides F. Schmidt /113

Asparagus cochinchinensis (Lour.) Merr. /116

Asplenium incisum Thunb. /2

Aster ageratoides Turcz. /97

Aster indicus L. /98

Avena fatua L. /108

B

Bambusa vulgaris f. *vittata* (Riviere & C. Riviere) T. P. Yi /106

Bidens bipinnata (Lour.) Merr. & Sherff /98

Bischofia polycarpa (H.Lév.) Airy Shaw /56

Boehmeria nivea (L.) Gaudich. /19

Bothriospermum zeylanicum (J.Jacq.) Druce /82

Broussonetia papyrifera (L.) L'Her.ex Vent. /15

C

Calystegia hederacea Wall. /82

Camellia sinensis (L.) Kuntze /70

Camphora officinarum Nees /33

Camptotheca acuminata Decne. /67

Capsella bursa-pastoris (L.) Medik. /35

Cardamine occulta Hornem. /35

Carpesium abrotanoides L. /99

Castanea mollissima Blume /11

Castanopsis sclerophylla (Lindl. & Paxt.) Schottky /12

Causonis japonica (Thunb.) Raf. /69

Celastrus orbiculatus Thunb. /62

Celtis julianae C.K. Schneid. /18

Celtis sinensis Pers. /18

Cerastium glomeratum Thuill. /27
Changium smyrnioides H.Wolff /76
Chenopodium album L. /24
Chloranthus fortunei (A.Gray) Solms /8
Chrysanthemum indicum L. /100
Cinnamomum japonicum Siebold /33
Cirsium arvense var. *integrifolium* Wimm. & Grabowski /99
Clematis apiifolia DC. /28
Clematis chinensis Osbeck /29
Clerodendrum cyrtophyllum Turcz. /85
Clerodendrum trichotomum Thunb. /85
Clinopodium confine (Hance) Kuntze /86
Cocculus orbiculatus (L.) DC. /32
Commelina communis L. /114
Cornus officinalis Siebold & Zucc. /74
Corydalis edulis Maxim. /37
Corydalis incisa (Thunb.) Pers. /37
Cryptomeria japonica var. *sinensis* Miq. /6
Cunninghamia lanceolata (Lamb.) Hook. /7
Cupressus funebris Endl. /4
Cynanchum rostellatum (Turcz.) Liede & Khanum /81
Cyperus rotundus L. /111
Cyperus cyperoides (L.) Kuntze /111
Cyrtomium fortunei J. Sm. /2

D

Dalbergia hupeana Hance / 47
Davidia involucrata Baill. /67
Delphinium anthriscifolium Hance /29
Deyeuxia pyramidalis (Host) Veldkamp /108
Digitaria sanguinalis (L.) Scop. /109
Dioscorea polystachya Turcz. /115
Diospyros kaki var. *silvestris* Makino /78
Distylium racemosum Siebold & Zucc. /38
Dryopteris championii (Benth.) C. Chr. /3
Duchesnea indica (Andr.) Focke /41

E

Echinochloa crus-galli (L.) P. Beauv. /109
Eclipta prostrata (L.) L. /101
Ehretia acuminata R.Brown /83
Elaeagnus argyi H.Lév. /72
Elaeagnus pungens Thunb. /73
Elaeagnus umbellata Thunb. /73
Eleutherococcus nodiflorus (Dunn) S.Y.Hu /75
Erigeron annuus (L.) Pers. /101
Erigeron canadensis L. /100
Euonymus alatus (Thunb.) Siebold /63
Euonymus fortunei (Turcz.) Hard.-Mazz. /63
Euonymus maackii Rupr. /64
Euphorbia helioscopia L. /58
Euphorbia maculata L. /58

F

Fagopyrum esculentum Moench /20
Fatoua villosa (Thunb.) Nakai /15
Ficus pumila L. /16

G

Galium spurium L. /94
Geranium carolinianum L. /54
Ginkgo biloba Linn. /4
Glechoma longituba (Nakai) Kupr. /86
Glochidion puberum (L.) Hutch. /56

Glycine soja auct.non Siebold & Zucc. /47
Grewia biloba var. *parviflora* (Bunge) Hand.-Mazz. /70

H

Hedera nepalensis var. *sinensis* (Tobl.) Rehd. /75
Hemistepta lyrata (Bunge) Fischer & C. A. Meyer /102
Houttuynia cordata Thunb. /114
Hovenia acerba Lindl. /65
Humulus scandens (Lour.) Merr. /19
Hylodesmum podocarpum (DC.) H. Ohashi & R. R. Mill /48

I

Ilex chinensis Sims /61
Ilex cornuta Lindl. & Paxt. /62
Indocalamus tessellatus (Munro) P.C. Keng / 107

J

Juniperus chinensis Roxb. /5
Juniperus formosana Hayata /5
Justicia procumbens L. /91

K

Kerria japonica (L.) DC. f. *pleniflora* (Witte) Rehd. /41
Kummerowia striata (Thunb.) Schindl. /48

L

Lactuca indica L. /102
Lamium amplexicaule L. /87
Lamium barbatum Siebold & Zucc. /87
Lepidium didymum L. /36
Lepisorus thunbergianus (Kaulf.) Ching /3
Lespedeza chinensis G.Don /49
Lespedeza pilosa (Thunb.) Siebold et Zucc. /50
Lespedeza thunbergii subsp. *formosa* (Vogel) H.Ohashi /49
Ligustrum lucidum W.T.Aiton /79
Ligustrum sinense Lour. /79
Lindera glauca (Siebold & Zucc.) Blume /34
Liquidambar formosana Hance /38
Liriope spicata (Thunb) Lour. /116
Lithospermum zollingeri A. DC. /83
Lobelia chinensis Lour. /97
Lycium chinense Mill. /89
Lycoris sprengeri Comes ex Baker /118
Lygodium japonicum (Thunb.) Sw. /1

M

Maclura tricuspidata Carrière /16
Mallotus repandus var. *chrysocarpus* (Pamp.) S.M.Hwang /59
Mazus pumilus (Burm.f.) Steenis /91
Melia azedarach L. /55
Metasequoia glyptostroboides Hu & W.C.Cheng /6
Mirabilis jalapa L. /26
Morella rubra Lour. /10
Morus alba L. /17

N

Nageia nagi (Thunb.) Kuntze /8
Neolitsea sericea (Blume) Koidz. /34

O

Ophiopogon japonicus (L.f.) Ker Gawler /117

Orychophragmus violaceus
(L.) O. E. Schulz /36
Osmanthus fragrans (Thunb.) Lour. /80
Oxalis corniculata L. /53
Oxalis corymbosa DC. /53

P

Paederia foetida L. /94
Parthenocissus tricuspidata
(Siebold & Zucc.) Planch. /69
Peristrophe japonica (Thunb.) Bremek. /92
Persicaria lapathifolia var. *salicifolia*
(Sibth.) Miyabe /21
Persicaria neofiliformis / (Nakai) Ohki
Persicaria perfoliata (L.) H. Gross /22
Persicaria posumbu
(Buch.- Ham.ex D. Don) H. Gross /22
Photinia serratifolia (Desf.) Kalkman /42
Phyllanthus glaucus Wall.ex Müll.Arg. /57
Phyllostachys edulis
(Carrière) J. Houzeau /106
Physalis angulata L. /89
Phytolacca americana L. /26
Pilea microphylla (L.) Liebm. /20
Pinellia ternata
(Thunb.) Ten.ex Breit. /113
Pistacia chinensis Bunge /60
Plantago asiatica L. /92
Platycarya strobilacea Sieb. & Zucc. /10
Pleuropterus multiflorus
(Thunb.) Nakai /23
Polypogon fugax Nees ex Steud. /110
Pseudognaphalium affine
(D.Don) Anderberg /103
Pteris multifida Poir. /1
Pterocarya stenoptera C. DC. /11
Pueraria montana var. *lobata*
(Ohwi) Maesen & S. M. Almeida /50

Q

Quercus acutissima Carruth. /12
Quercus fabri Hance /13

R

Ranunculus muricatus L. /30
Ranunculus ternatus Thunb. /30
Reynoutria japonica Houtt. /23
Rhamnella franguloides (Maxim.)
Web. /66
Rhus chinensis Mill. /61
Rosa cymosa Tratt. /42
Rosa multiflora Thunb. /43
Rubia argyi (H.Lév. & Vaniot) H.Hara &
L. Lauener & D. K. /Ferguson /95
Rubus chingii Hu /43
Rubus corchorifolius L.f. /44
Rubus hirsutus Thunb. /44
Rubus lambertianus Ser. /45
Rubus parvifolius L. /45
Rumex dentatus L. /24

S

Sageretia thea (Osbeck) M.C. Johnst. /66
Sagina japonica (Sw.) Ohwi /27
Salix matsudana Koidz. /9
Sapindus saponaria L. /65

Schima superba Gardner & Champ. /71
Scutellaria indica L. /88
Sedum bulbiferum Makino /39
Sedum emarginatum Migo /39
Sedum onychopetalum Fröd. /40
Sedum sarmentosum Bunge /40
Semiaquilegia adoxoides (DC.) Makino /31
Serissa serissoides (DC.) Druce /95
Setaria chondrachne (Steud.) Honda /110
Shibataea chinensis Nakai /107
Smilax china L. /117
Smilax davidiana A.DC. /118
Solanum lyratum Thunb. /90
Solanum nigrum L. /90
Solidago canadensis L. /103
Stellaria aquatica (L.) Scop. /28
Stemona japonica (Bl.) Miquel /115
Symphyotrichum subulatum (Michx.) G.L.Nesom /104
Symplocos paniculata (Thunb.) Miq. /78
Syringa oblata 'Chang Tong Bai' /80
Syzygium buxifolium Hook. et Arn. /68

T

Taraxacum mongolicum Hand. - Mazz. /104
Thalictrum aquilegiifolium var. *sibiricum* Regel&Tiling /31
Thladiantha nudiflora Hemsl. ex Forbes et Hemsl. /96
Torilis scabra (Thunb.) DC. /77
Torreya grandis 'Merrillii' Hu /7
*Trachelosp*ermum jasminoides (Lindl.) Lem. /81
Triadica sebifera (L.) Small /59
Trifolium repens L. /51
Trigonotis peduncularis (Trev.) Benth.ex Bak.& S.Moore /84

U

Ulmus parvifolia Jacq. /13
Ulmus pumila Linn. /14

V

Vernicia fordii (Hemsl.) Airy Shaw /60
Veronica arvensis L. /93
Veronica persica Poir. /93
Vicia sativa L. /51
Vicia tetrasperma (L.) Moench /52
Viola grypoceras A. Gray /71
Viola philippica Cav. /72
Vitex negundo var. *cannabifolia* (Siebold & Zucc.) Hand. - Mazz. /88

W

Wisteria sinensis (Sims) Sweet /52
Wisteriopsis reticulata (Benth.) J.Compton & Schrire /46
Xanthium strumarium L. /105
Xylosma congesta (Lour.) Merr. /9
Youngia japonica (L.) DC. /105
Zanthoxylum simulans Hance /54
Zehneria japonica (Thunb.) H.Y.Liu /96
Zelkova schneideriana Hand. - Mazz. /14